DK 677.472
677.31
677.354
677.635

FORSCHUNGSBERICHTE
DES LANDES NORDRHEIN-WESTFALEN

Herausgegeben durch das Kultusministerium

Nr. 879

Dipl.-Chem. Dr. rer. nat. Hans Günther Fröhlich

Forschungsinstitut der Hutindustrie e. V.
Mönchengladbach

Einsatz von künstlichen Eiweißfasern in Mischung mit Wolle und Kaninhaar zur Herstellung von Hutfilzen

Als Manuskript gedruckt

WESTDEUTSCHER VERLAG / KÖLN UND OPLADEN

1960

ISBN 978-3-663-03602-9   ISBN 978-3-663-04791-9 (eBook)
DOI 10.1007/978-3-663-04791-9

Gliederung

I. Einleitung . . . . S. 5

II. Allgemeine Eigenschaften der künstlichen Eiweißfasern . S. 5

    1. Herstellung der künstlichen Eiweißfasern . . . . . . S. 5

    2. Physikalische Eigenschaften der künstlichen Eiweißfasern . . . . S. 6

    3. Chemische Eigenschaften der künstlichen Eiweißfasern . . . . S. 6

    4. Zug-Dehnungseigenschaften der künstlichen Eiweißfasern . . . . S. 10

    5. Reibungseigenschaften der künstlichen Eiweißfasern . . . . S. 10

III. Praktischer Teil . . . . S. 15

    1. Labormäßige Überprüfung der filz- und walktechnischen Eigenschaften künstlicher Eiweißfasern in Mischung mit Wolle . . . . S. 15

    2. Labormäßige Überprüfung der filz- und walktechnischen Eigenschaften künstlicher Eiweißfasern in Mischung mit Kaninhaar . . . . S. 18

    3. Die Überprüfung des Walkvermögens üblicher Woll-Kämmlingsmischungen durch Zusatz künstlicher Eiweißfasern in der Hutindustrie . . . . S. 20

    4. Die Überprüfung des Walkvermögens von Mischungen aus gebeiztem Kaninhaar mit künstlichen Eiweißfasern in der Hutindustrie . . . . S. 24

    5. Verhalten im Fabrikationsprozeß . . . . S. 27

IV. Das Färben von Hutfilzen . . . . S. 33

    1. Laborversuche . . . . S. 33

    2. Praxisversuche . . . . S. 37

V. Zusammenfassung . . . . S. 38

Literaturverzeichnis . . . . S. 40

I. Einleitung

Filze sind Gebilde, die durch Filzen und Walken tierischer Haare unter Anwendung von Druck, Wärme, Feuchtigkeit und mechanischer Arbeit, z.B. auf rüttelartig bewegten Walzen oder Platten, erhalten werden. Hierbei verflechten und verschlingen sich die Haare zu einem Gebilde von mehr oder weniger hoher Festigkeit, das als fadenloser Filz, im Gegensatz zu den gewebten, gewirkten und gestrickten Filzen bezeichnet wird.

Die Eigenschaft unter dem Zusammenwirken von Reibung, Druck, Wärme und Feuchtigkeit zu filzen und zu walken ist praktisch allen tierischen Haaren eigen, wobei die einzelnen Haarsorten jedoch deutliche Unterschiede aufweisen. Außer den tierischen Haaren mit eigenem Filz- und Walkvermögen verwendet die Filzindustrie auch nicht filzende Fasern auf Zellulose-, Eiweiß- und Synthesebasis als Zusätze einerseits aus modischen oder preislichen Gründen und andererseits, um Filze mit ganz spezifischen Eigenschaften herzustellen. Künstliche Eiweißfasern (Kasein- Erdnuß- und Maiseiweißfasern) sind vor allem in der Hutindustrie in Zeiten gefragt, in welchen die Preise für die Rohstoffe stark ansteigen. Hinzu kommt noch, daß die Beimengung derartiger Fasern zu Wolle, Kanin- oder Hasenhaar deren Walkvermögen, im Gegensatz zu Zellulose- oder synthetischen Fasern, verbessert. Außerdem können die künstlichen Eiweißfasern mit den gleichen Farbstoffen gefärbt werden, wie die tierischen Haare.

Zu Beginn des 2. Weltkrieges war in Deutschland der Zusatz von künstlichen Eiweißfasern auf Kaseinbasis (Thiolanfaser) zur Herstellung von Hüten aus Wolle oder Kaninhaar vorgeschrieben. Allerdings waren die hierbei erhaltenen Qualitäten in keiner Weise befriedigend, da die Thiolanfaser keine ausreichende Beständigkeit in heißen, sauren Walk- und Färbeflotten besaß. Während des Krieges und vor allem nach dem Kriege wurden nicht nur die Eigenschaften der Kaseinfasern, wie Merinova und Fibrolan BX wesentlich verbessert, sondern es wurden neue wertvolle Fasern aus pflanzlichem Eiweiß, wie Ardil (Erdnuß) und Zykon (Mais) entwickelt.

II. Allgemeine Eigenschaften der künstlichen Eiweißfasern

1. Herstellung der künstlichen Eiweißfasern [1]

Um künstliche Eiweißfasern herzustellen, löst man das tierische oder pflanzliche Eiweiß in verdünnter Natronlauge auf und läßt die erhaltene

Lösung einige Zeit reifen. Während dieses Reifeprozesses erfolgt ein Abbau des Eiweißes, der erst die gewünschten spinn- und fasertechnischen Eigenschaften bewirkt. Nach beendigter Reife werden die Eiweißlösungen, die bis zu 30 % an Eiweiß enthalten können, durch Spinndüsen oder Brausen in ein Koagulationsbad, bestehend aus Neutralsalzen, Schwefelsäure, Formaldehyd und Wasser, eingespritzt, wobei die Eiweißlösung zu Fäden erstarrt. Die auf diese Weise erhaltenen Fäden werden verstreckt, erneut mit Formaldehyd oder anderen Chemikalien behandelt, gewaschen und getrocknet. Bei diesem Vorgang, der Umwandlung der Eiweißlösung in einen Faden, darf man annehmen, daß die in sphärischen Zustand vorhandenen Eiweißmoleküle beim Spinn- und Streckvorgang zu Ketten auseinandergezogen werden, die durch die Behandlung mit Formaldehyd oder anderen vernetzend wirkenden Chemikalien quervernetzt und auf diese Weise in ihrer Form fixiert werden. Gleichzeitig ist das Eiweiß auch unlöslich geworden.

2. Physikalische Eigenschaften der künstlichen Eiweißfasern

Die künstlichen Eiweißfasern weisen einen runden Querschnitt auf, besitzen einen weichen Griff und ein gutes Wärmehaltevermögen. Die Faseroberfläche ist praktisch strukturlos, während gewisse Eigenschaften, wie z.B. das färberische Verhalten, darauf hinweisen, daß in Abhängigkeit von der Art der Koagulation die entstehenden Fasern eine mehr oder weniger stark ausgeprägte Faserhaut besitzen. Diese Haut dürfte vor allem auch das walktechnische Verhalten der Eiweißfaser in Verbindung mit Wolle und anderen tierischen Fasern beeinflussen. Weitere physikalische Eigenschaften sind aus der Tabelle 1 zu entnehmen.

3. Chemische Eigenschaften der künstlichen Eiweißfasern

Ein Teil der chemischen Eigenschaften [2] wie Säurebindevermögen, Alkali- und Säurelöslichkeit der künstlichen Eiweißfasern sind noch aus der Tabelle 1 zu entnehmen, während die chemische Zusammensetzung bezüglich der Aminosäuren im Vergleich zu Wolle und Kaninhaar (Weißkanin) in der Tabelle 2 enthalten ist. Wie wir dieser Tabelle entnehmen können, ist die Zusammensetzung hinsichtlich der Aminosäuren bei den natürlichen und künstlichen Eiweißfasern ähnlich, wenn auch bezüglich der Menge deutliche Unterschiede vorhanden sind. Diese Unterschiede lassen sich z.B. beim papierchromatographischen Nachweis auswerten [7]. Die unterschiedliche Aminosäurezusammensetzung bei den künstlichen Eiweißfasern

Tabelle 1

Physikalische und chemische Eigenschaften der künstlichen Eiweißfasern

Bezeichnung	Fibrolan BX	Merinova	Zykon	Ardil B
Aussehen	weiß	cremefarbig	cremefarbig	cremefarbig
Faser-Aufsicht	glatt strukturlos	glatt strukturlos	glatt strukturlos	glatt
Faser-Querschnitt	kreisrund nierenförmig	rund, glatt	rund, glatt	rund, glatt
Reißfestigkeit g/den normalfeucht	1,0	1,1	1,25	0,95
naß	0,4	0,4	0,55	0,5
Dehnung in %	60-70	50-60	40-50	60-80
Bruchverdrehung nach Koch	aD 37° 53'	aD 43° 39'	aD 40° 50'	aD 32° 42'
spez.Gewicht g/cm^3	1,28	1,29	1,25	1,29
Feuchtigkeitsaufnahme bei 65 % rel. Feuchtigkeit in %	13,5	ca. 14	ca. 13	ca. 15
bei 85 % rel. Feuchtigkeit	21,4	19,5	17,5	22-23
Lichtbrechung	Doppelbrechung kaum wahrnehmbar gilt für alle 4 Fasern			
Quellung in Wasser in %	97-100	55-60	32-34	62-65
Säurebindevermögen Mval HCl/g Faser	1,45	0,9	0,03	1,26
Alkalilöslichkeit nach Zahn (bei 98°C)	2-3	4-5	2-3	1,5 - 2,5
nach Harris (bei 65°C)	1,2	1,2	3-4	1,6
Säurelöslichkeit nach Fröhlich (bei 98°C)	28-30	48-52	5-6	24-26
nach Zahn (bei 65°C)	20-21	23-24	9-10	28-29
Thioglykollatzahl	2,1	3,0	2,9	1,4

Tabelle 2

Die Aminosäurezusammensetzung von Wolle, Kaninhaar, Ardil, Zykon und Kaseinfaser (Fibrolan BX und Merinova) in g/Mol pro 10^5 g Eiweiß

Aminosäure	Wolle [3]	Kaninhaar [4]	Ardil [5]	Kasein [6]	Zykon [6]
Glykokoll	73,3	67,2	-	25	-
Alanin	48,3	41,6	33,6	39	110
Valin	48,7	37,4	28,9	51	34
Leucin	68,0	57,8	49,6	80	117
Iso-Leucin	28,2	20,0	-	40	33
Phenylalanin	24,8	21,1	28,5	39	46
Prolin	39,2	55,7	46	92	78
Asparaginsäure	51,1	44,2	112,4	50	26
Glutaminsäure	98,6	108,3	143,5	150	224
Säureamidgruppen	78,5	98,1	127,0	83	214
Lysin	22,6	26,2	22,5	56	0
Arginin	56,4	49,5	75,0	23	9
Histidin	7,7	12,8	15,0	21	5
Serin	90,0	79,3	61,0	56	10
Threonin	55,0	46,0	24,0	38	19
Thyrosin	34,0	25,1	33,0	35	33
Cystin	85,2	93,2	6,6	2	4
Methionin	3,8	6,7	8,0	24	15
Tryptophan	4,6	7,5	5,9	7	1

beeinflußt selbstverständlich die chemischen und färberischen Eigenschaften, sowie die Reaktionen beim Härten und Stabilisieren [8].

Die Beständigkeit der künstlichen Eiweißfasern gegenüber Säuren und Alkalien wird in erster Linie durch das Ausmaß und die Art der chemischen Reaktionen beim Härten bestimmt. In der Abbildung 1 haben wir die Beständigkeit der verwendeten Eiweißfasern gegenüber Salzsäurelösungen verschiedener Konzentration dargestellt [9]. Die Behandlung selbst wurde während einer Stunde im kochenden Wasserbad durchgeführt. Wie die Abbildung 1 zeigt, verhalten sich die Eiweißfasern recht unterschiedlich.

Während Ardil B und Merinova in 1n Salzsäurelösungen löslich sind, beträgt die Löslichkeit von Zykon einschließlich Wolle und Kaninhaar nur etwa 20 %. Die Löslichkeit der Fibrolanfaser liegt bei ca. 42 %. Auch bei einer Salzsäurekonzentration von 2,4n sind diese Fasern noch nicht völlig löslich. Im alkalischen Gebiet sind die künstlichen Eiweißfasern dagegen wesentlich beständiger als die natürlichen Eiweißfasern (vgl. Tab. 1). Diese erhöhte Alkalibeständigkeit ist auf die Vernetzungsreaktionen beim Härten mit dem Formaldehyd zurückzuführen, wobei es sich hauptsächlich um die Ausbildung von Brücken zwischen Säureamid-, sowie Säureamid- und Aminogruppen handeln soll [8]. Trotzdem müssen Alkalibehandlungen mit entsprechender Vorsicht durchgeführt werden, um die Gefahr einer Versprödung und auch Vergilbung der Faser zu vermeiden. Auf jeden Fall muß unmittelbar nach alkalischen Behandlungen mit Säure nicht nur neutralisiert, sondern vorteilhaft schwach sauer eingestellt werden. Ein Trocknen im alkalischen Zustand ist unter allen Umständen zu vermeiden.

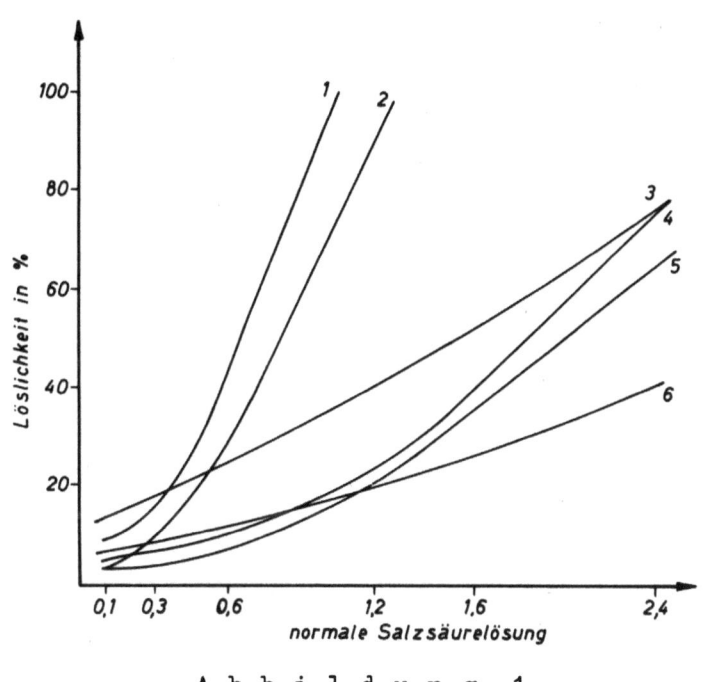

A b b i l d u n g   1

Die Löslichkeiten von Wolle, Kaninhaar und künstlichen
Eiweißfasern in Salzsäurelösungen verschiedener
Konzentrationen. (Behandlungsdauer 60 min bei 98°C.)
1 = Merinova; 2 = Ardil B; 3 = Fibrolan BX; 4 = Zykon;
5 = Wolle; 6 = Kaninhaar

4. Das Zug-Dehnungsvermögen der künstlichen Eiweißfasern

Aus der Literatur ist bekannt [10], daß sich die künstlichen Eiweißfasern von den natürlichen Eiweißfasern bezüglich ihres Zug-Dehnungsverhaltens deutlich voneinander unterscheiden. Die in der Abbildung 2 dargestellten Ergebnisse stellen eigene Untersuchungsbefunde dar. Wie wir sehen, ergeben die künstlichen Eiweißfasern ein typisches Zugdehnungsdiagramm [10], das sogar bei Messung in Wasser teilweise angedeutet bleibt.

In der Abbildung 3 haben wir Ergebnisse dargestellt [11], aus welchen auf das Erholungsvermögen Rückschlüsse gezogen werden können. Zu diesem Zweck wurden die Fasern unter Wasser um 20 % gedehnt und mit der gleichen Geschwindigkeit entdehnt. Die bei Zimmertemperatur ausgeführten Untersuchungen zeigen für alle untersuchten Fasern eine Hysterese, die bei Wolle am stärksten ausgeprägt ist. Weiterhin sehen wir, daß nur die Wolle 100 %ig elastisch ist, d.h. nach der Entlastung geht die Wollfaser auf ihre Ausgangslänge zurück, während die künstlichen Eiweißfasern eine bleibende Dehnung von 5 bis 10 % aufweisen. Kaninhaar verhält sich der Wolle analog [12].

Führt man die soeben beschriebenen Untersuchungen in Wasser von 70°C durch, so fallen die Dehnungs- und Entdehnungskurven praktisch zusammen, wie die Abbildung 3b zeigt. Weiterhin entfällt für die künstlichen Eiweißfasern die bleibende Dehnung, so daß auch diese Fasern 100 %ig elastisch werden. Dieser Befund deckt sich mit Erfahrungen, die schon früher an Wolle gewonnen wurden [13].

5. Die Reibungseigenschaften der künstlichen Eiweißfasern

Wie aus der Literatur bekannt [14], spielen die Reibungseigenschaften (differential friction effect = DFE) der Faser für das Filzen und Walken eine nicht zu vernachlässigende Rolle. Wir haben daher auch die Reibungseigenschaften von Ardil B, Fibrolan BX, Zykon und Merinova gegenüber gebeiztem und ungebeiztem Kaninhaar untersucht [15] (vgl. Abb. 4). In Anlehnung an die Praxis wurden die Untersuchungen in 60°C warmem Wasser durchgeführt. Hierbei wurde gefunden, daß die künstlichen Fasern den Reibungswiderstand von Kaninhaar gegenüber Kaninhaar deutlich erhöhen. Ein analoges Verhalten wurde auch für Wolle gefunden. Diese günstige Beeinflussung des Reibungswiderstandes wird vor allem bei geringen Belastungen wirksam. Dieser Befund dürfte einer der Faktoren sein, der für die Verbesserung der Walkfähigkeit von Kaninhaar

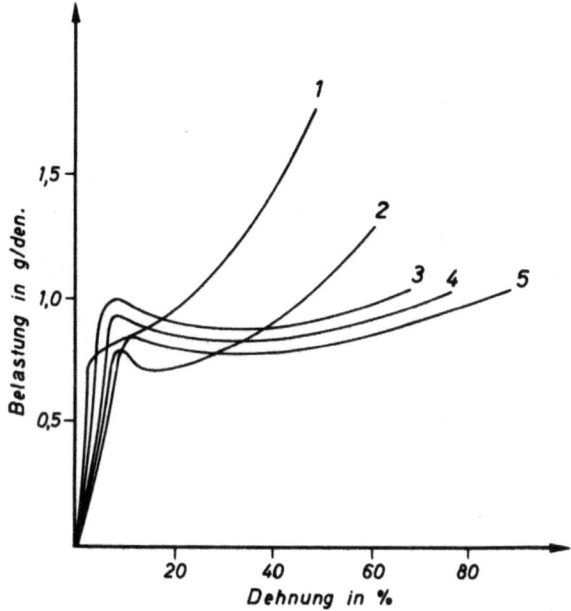

Abbildung 2

Zug-Dehnungsdiagramm von Wolle und künstlichen Eiweißfasern
(Trocken bei Zimmertemperatur)

1 = Wolle; 2 = Zykon; 3 = Merinova; 4 = Fibrolan BX; 5 = Ardil B

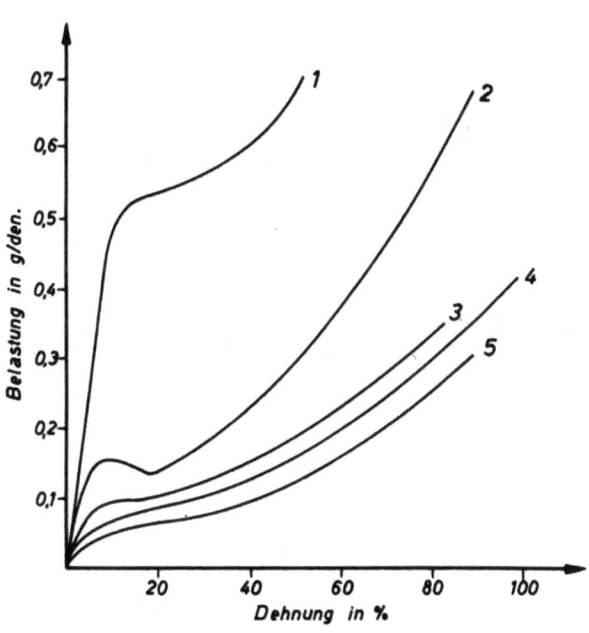

Abbildung 2a

Zug-Dehnungsdiagramme von Wolle und künstlichen Eiweißfasern
in Wasser bei Zimmertemperatur

1 = Wolle; 2 = Zykon; 3 = Fibrolan BX; 4 = Ardil B; 5 = Merinova

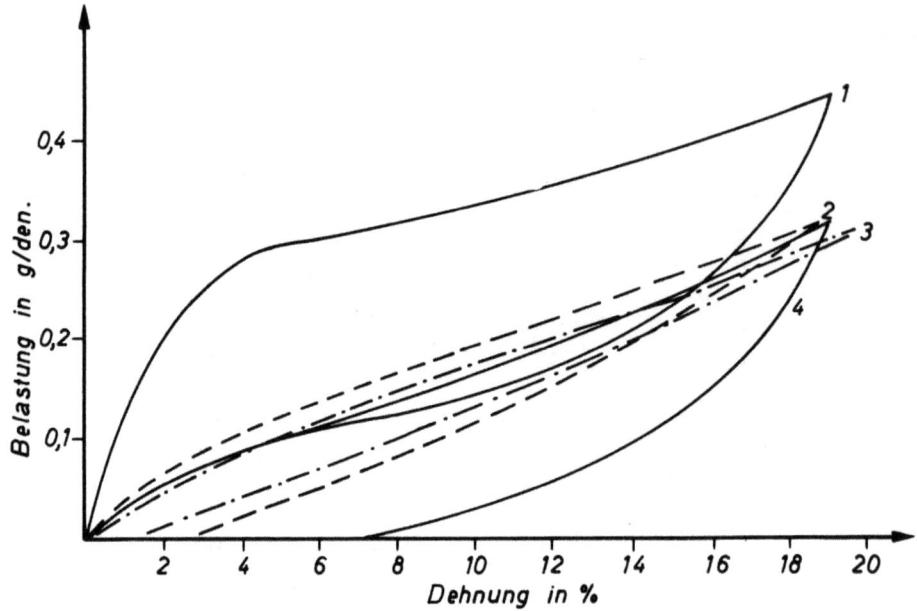

Abbildung 3

Dehnungs- und Entdehnungskurven von künstlichen Eiweißfasern
(naß) bei Zimmertemperatur

1 = Wolle; 2 = Merinova; 3 = Ardil B; 4 = Zykon

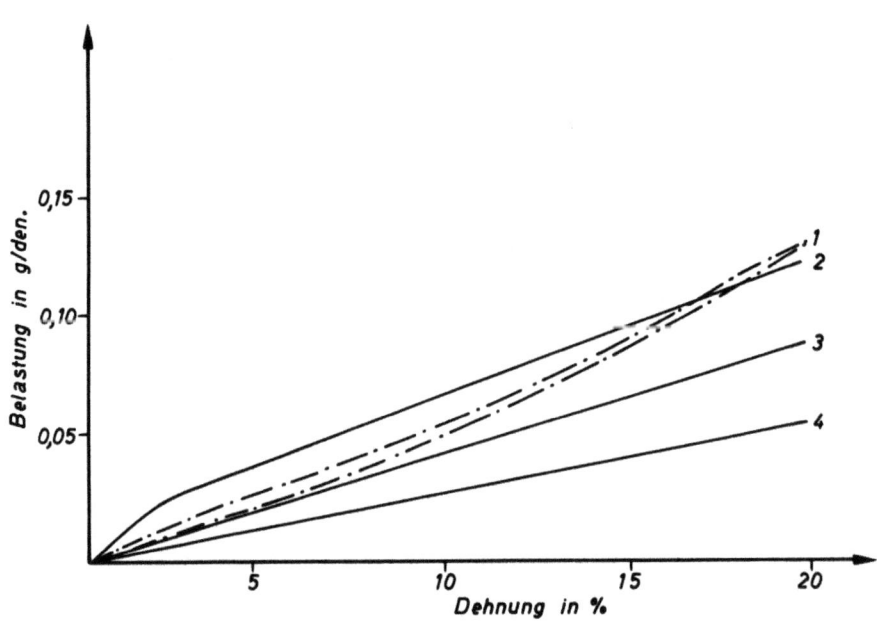

Abbildung 3a

Dehnungs- und Entdehnungskurven von künstlichen Eiweißfasern
(naß) bei 70°C

1 = Merinova; 2 = Ardil B; 3 = Fibrolan; 4 = Zykon

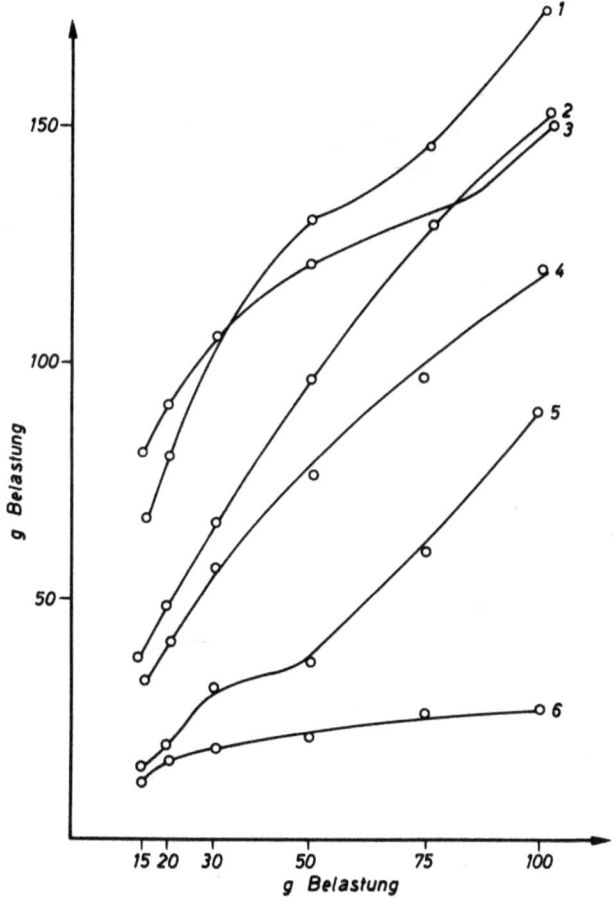

Abbildung 4

Die Haftfestigkeit von künstlichen Eiweißfasern gegenüber Kaninhaar

    1 = Ardil B gegen Kaninhaar gebeizt

    2 = Ardil B gegen Ardil B

    3 = Merinova gegen Kaninhaar gebeizt

    4 = Kaninhaar gebeizt gegen Kaninhaar gebeizt

    5 = Ardil B gegen Kaninhaar ungebeizt

    6 = Kaninhaar ungebeizt gegen Kaninhaar ungebeizt

oder Wolle durch Zusätze an künstlichen Eiweißfasern verantwortlich ist. Neuere Untersuchungen [16] haben nämlich gezeigt, daß durch das Beizen von Kaninhaar - das bekanntlich zu einer wesentlichen Steigerung des Walkvermögen führt - der Reibungswiderstand zwischen dem Kaninhaar deutlich erhöht wird für das Filzen und Walken (vgl. Abb. 4). Dem Reibungswiderstand zwischen den Fasern kommt daher eine besondere Bedeutung zu.

In der Literatur wird immer wieder darauf hingewiesen, daß das Quellvermögen der Faser deren Walkvermögen, soweit die Faser filz- und walkfähig ist, deutlich beeinflussen würde [17]. In diesem Zusammenhang haben wir ebenfalls die Quellung von Kaninhaar und Wolle einerseits und den künstlichen Eiweißfasern andererseits in Abhängigkeit vom pH-Wert und der Temperatur untersucht, um zu prüfen, ob die Quellung der künstlichen Eiweißfasern für die Verbesserung des Filz- und Walkvermögens in Mischung mit Wolle und Kaninhaar verantwortlich gemacht werden kann. Die in der Abbildung 5 dargestellten Ergebnisse ergeben zwar für

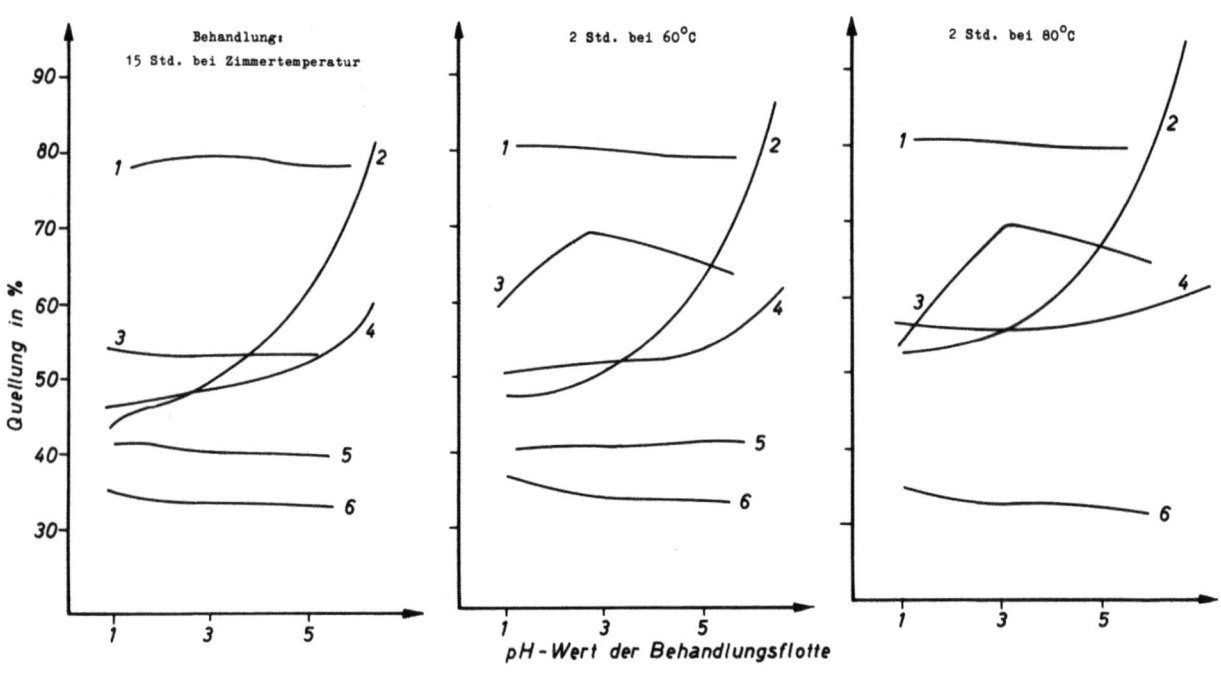

A b b i l d u n g   5

Die Quellung von künstlichen Eiweißfasern, Wolle und
Kaninhaar in Abhängigkeit von Temperatur und pH-Wert
1 = Kaninhaar; 2 = Fibrolan; 3 = Merinova; 4 = Ardil B;
5 = Wolle; 6 = Zykon

die untersuchten künstlichen Eiweißfasern deutliche Unterschiede im Quellvermögen in Abhängigkeit von der Temperatur sowie dem pH-Wert, stehen aber mit der Beeinflussung des Walkvermögens von Wolle und Kaninhaar in keinem Zusammenhang. Wäre die Quellung von maßgebendem Einfluß auf die walkfördernden Eigenschaften, so müßten die Kaseinfasern Merinova und Fibrolan BX der Ardil B und vor allem der Zykonfaser deutlich überlegen sein. In der Praxis hat sich aber gezeigt, daß die Merinova- und Zykonfaser an der Spitze stehen. Danach folgt die Ardilfaser und am Schluß steht die Fibrolanfaser. Dieser Befund steht auch mit Untersuchungen an verschiedenen Wollen in gutem Einklang. Wie die in der Tabelle 3 dargestellten Ergebnisse zeigen, besteht zwischen dem Quellvermögen und der Walkfähigkeit der untersuchten Wollen kein ursächlicher Zusammenhang. Dem Quellvermögen dürfte daher nicht die Bedeutung für die Walkfähigkeit zukommen, wie verschiedenen Hinweisen aus der Literatur [17] zu entnehmen ist.

Tabelle 3

Zusammenhänge zwischen Quellung, Feinheit und Walkvermögen an verschiedenen Wollqualitäten

Wollprobe	Quellung in %	Feinheit in µ	Flächenschrumpfung in %
1	47,51	35,3	51,0
2	49,4	35,8	48,7
3	46,8	19,3	44,6
4	50,8	30,4	42,0
5	46,7	24,0	29,0
6	50,0	21,3	27,8
7	44,3	19,0	25,9
8	53,2	18,5	18,8
9	47,6	32,4	15,2

III. Praktischer Teil

1. Labormäßige Überprüfung der filz- und walktechnischen Eigenschaften künstlicher Eiweißfasern in Mischung mit Wolle

Vor Beginn der eigentlichen Versuche in der Hutindustrie haben wir zunächst orientierende Untersuchungen im Laboratorium vorgenommen, um die Beeinflussung des Filz- und Walkvermögens von Wolle (übliche Woll-Kämmling-Mischung) durch Ardil-, Merinova- und Fibrolan-Faser zu studieren. Die hierbei gewonnenen Erfahrungen sollen dann als Grundlage für die abschließenden Praxisversuche dienen.

Die im einzelnen von Hand ausgeführten Walkversuche wurden wie folgt beschrieben, ausgeführt:

Je 3 g durch Krempeln gut gemischte Proben (die Gemische aus Wolle und künstlichen Eiweißfasern wurden auf einer Laborkrempel hergestellt. Die einzelnen Komponenten wurden zuvor auf der Krempel geöffnet.) werden auf einer Porzellannutsche (Fläche ca. 150 cm^2) möglichst gleichmäßig verteilt, mit 40 bis 50°C warmem 2 g/l Nekanil S enthaltenden Wasser genetzt, leicht abgesaugt und herausgenommen.

Diese Fache werden auf ein Leintuch gelegt, eingeschlagen und von Hand aus gewalkt. Nach je 1 Minute wird der Filz ausgewickelt, in eine 60°C warme, mit 0,5 cm²/l Schwefelsäure angesäuerte Lösung getaucht und weiter gewalkt. Nach 2, 5, 10, 20 und 30 Minuten Walkdauer wird dann jeweils die Flächenschrumpfung bestimmt, welche der Walkgeschwindigkeit gleichgesetzt wird.

Die nach dieser Methode an Mischungen aus Wolle mit 10 %, 20 % und 30 % Ardil B, Merinova und Fibrolan BX erhaltenen Ergebnisse sind in der Abbildung 6 zusammengestellt.

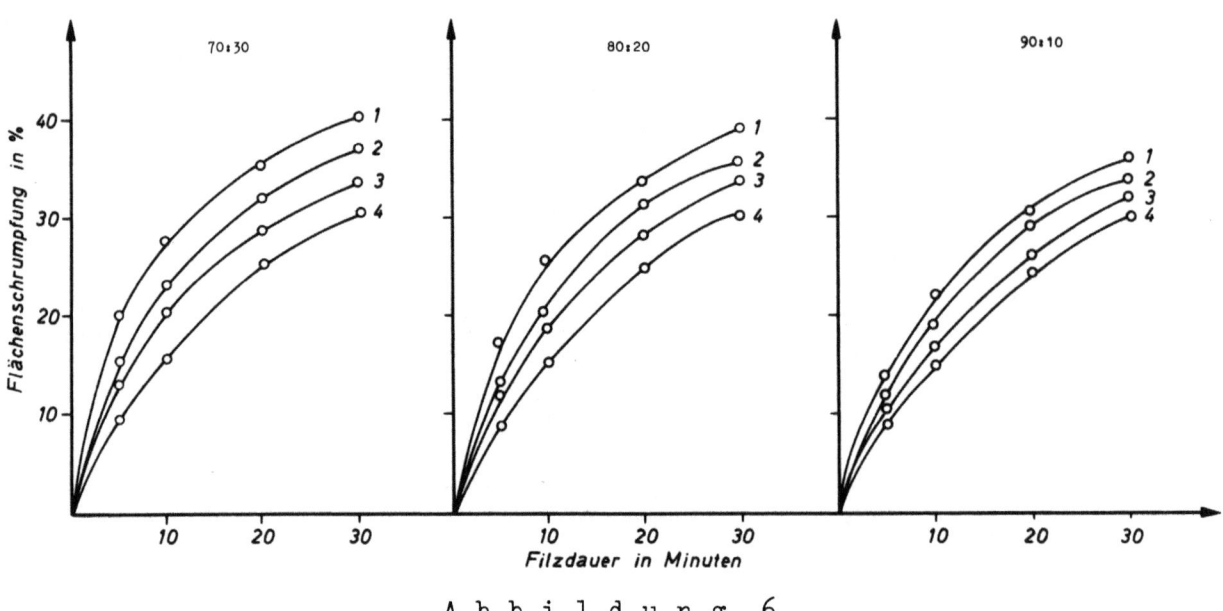

Abbildung 6

Das Walkvermögen von Mischungen aus Wolle mit künstlichen Eiweißfasern.
pH der Walkflotte 2.5, Temperatur 50°C
1 = Wolle/Merinova; 2 = Wolle/Ardil B; 3 = Wolle/Fibrolan BX,
4 = 100 % Wolle

Wie wir aus der Abbildung 6 entnehmen können, wird das Walkvermögen der technischen Woll-Kämmlingsmischung durch Zusätze an künstlichen Eiweißfasern zum Teil recht deutlich verbessert, wobei Merinova den günstigsten und Fibrolan BX den geringsten Effekt ergibt. Die Ardilfaser Typ B liegt etwa in der Mitte. Von einer Beurteilung der kleinen Filze wurde abgesehen, da dieselben hierfür nicht geeignet waren. Verwendet man zum Walken im Laborversuch an Stelle von schwefelsaurer Lösung (pH ca. 2,5) destilliertes Wasser, so beobachtet man, daß Zusätze an künstlichen Eiweißfasern das Walkvermögen der Woll-Kämmlingsmischung kaum verbessern (vgl. hierzu Abb. 7).

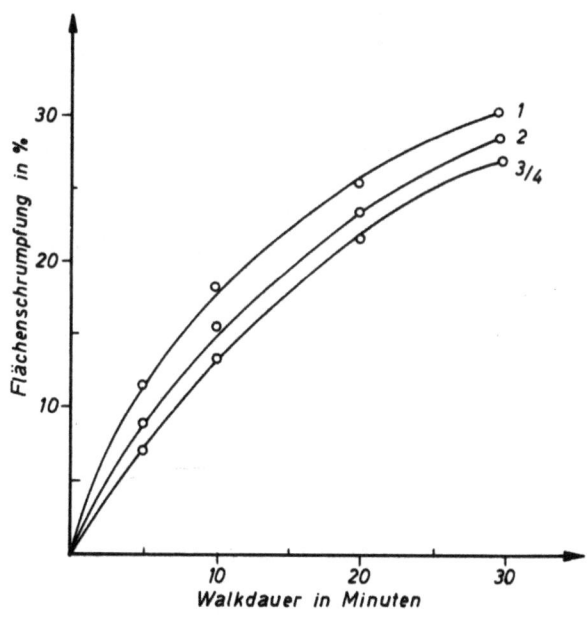

Abbildung 7

Walkvermögen von Mischungen aus Wolle und künstlichen Eiweißfasern beim Walken in dest. Wasser, Temperatur 50°C
1 = Merinova/Wolle; 2 = Ardil B/Wolle; 3 = Wolle 100 %;
4 = Fibrolan BX/Wolle

Wie die Abbildung 7 zeigt, wurde bei Mischungen aus Wolle mit Fibrolan BX keine Erhöhung des Walkvermögens, vgl. mit der reinen Wolle, erzielt. Bei Ardil/Wollmischungen war nur eine geringe Verbesserung zu beobachten, während bei Merinova/Wolle die Erhöhung der Walkgeschwindigkeit bereits außerhalb der Fehlergrenze der Walkmethode lag. Die Erklärung dieses Befundes ist nicht einfach. Wahrscheinlich spielen die plastischen Eigenschaften der künstlichen Eiweißfasern hierbei eine Rolle, die im sauren pH-Bereich unterhalb 5 bis 4 die Haftfestigkeit zwischen Wolle einerseits und den künstlichen Eiweißfasern andererseits besonders günstig beeinflussen. Das unterschiedliche Verhalten der beiden auf Milchkasein aufgebauten Fasern Merinova und Fibrolan BX wird auf die unterschiedliche Härtung und Koagulation während der Herstellung derselben zurückgeführt. Hierbei scheint u.a. auch eine Art Mantelbildung einzutreten, die von entscheidendem Einfluß auf die walktechnischen Eigenschaften dieser Fasern in Mischung mit Wolle oder Kaninhaaren sein dürfte. Bedauerlicherweise war es im Verlauf der vorliegenden Untersuchungen nicht möglich, die vermuteten Mantelzonen eindeutig nachzuweisen.

2. Labormäßige Überprüfung der filz- und walktechnischen Eigenschaften künstlicher Eiweißfasern in Mischung mit Kaninhaar

Die in diesem Zusammenhang durchgeführten Versuche wurden wie im vorangegangenen Abschnitt beschrieben, durchgeführt. Die verwendeten Fasermischungen wurden in einer Hutfabrik durch Mischen von Graukanin XX mit 15 und 30 % Ardil Typ B auf einer Blasmaschine hergestellt. Das gleiche gilt auch für die Mischungen mit Merinova, Fibrolan BX und Zykon. Gewalkt wurde einmal bei Temperaturen beginnend bei 20°C und langsamer Erhöhung auf 60°C während der Walkdauer von 30 Minuten und das andere Mal bei 50° bis 60°C ohne Änderung. (Vgl. die Abbildungen 8, 9.)

Gewalkt wurde mit 3 g/l, 1 g/l und ohne Schwefelsäure. Wie die Abbildung 8 zeigt, nimmt das Walkvermögen mit steigendem Zusatz an Ardilfaser zu.

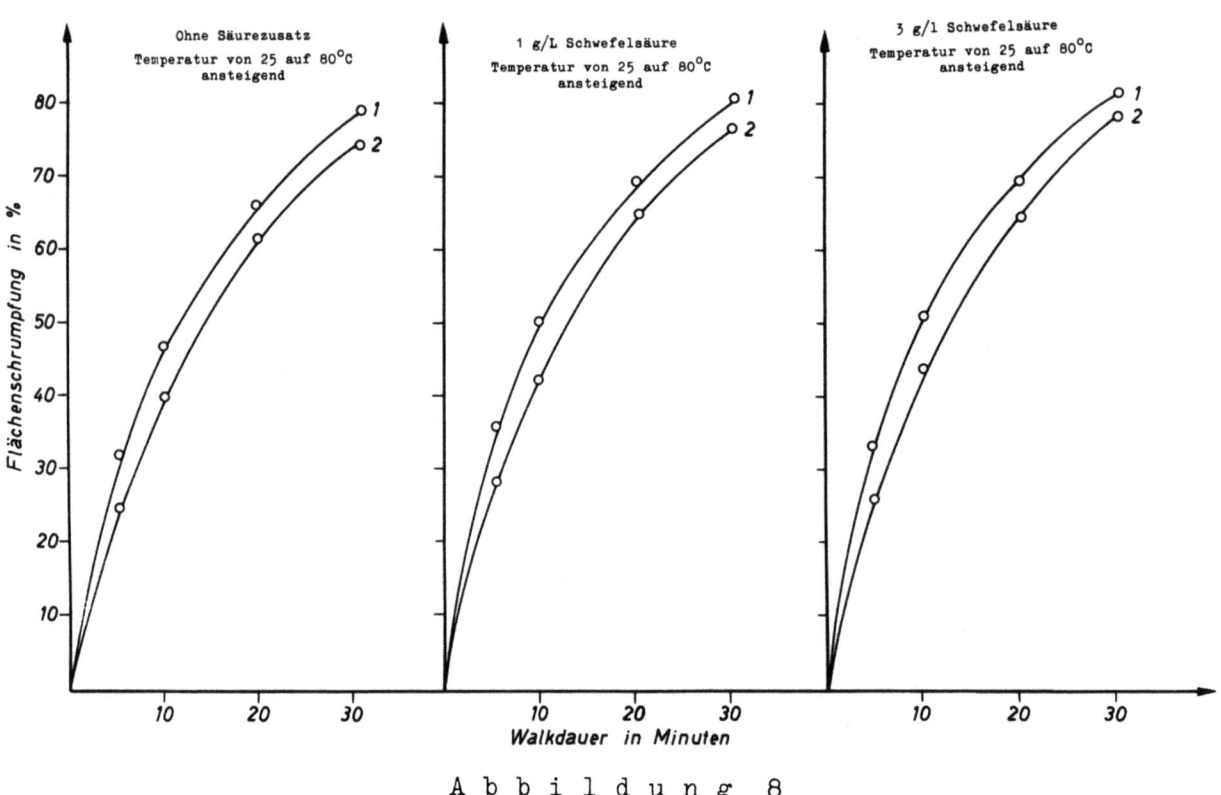

A b b i l d u n g 8

Das Walkvermögen von Mischungen aus Kaninhaar (Grau XX) mit Ardil B
1 = Kaninhaar/Ardil 70:30; 2 = Kaninhaar/Ardil 85:15

Beginnt man den Walkvorgang bereits bei höheren Temperaturen, z.B. bei 50°C und steigert langsam auf 60°C, so beobachtet man vor allem eine Erhöhung der Walkgeschwindigkeit, im Anfangsstadium der Filzbildung, wie aus der Abbildung 9 zu entnehmen ist. Die Endschrumpfung wird durch die anfänglich höhere Temperatur beim Walken nur unwesentlich verbessert. Im Interesse einer möglichst gleichmäßigen Filzbildung ist es jedoch empfehlenswert, das Anwalken bei nicht zu hohen Temperaturen durchzuführen.

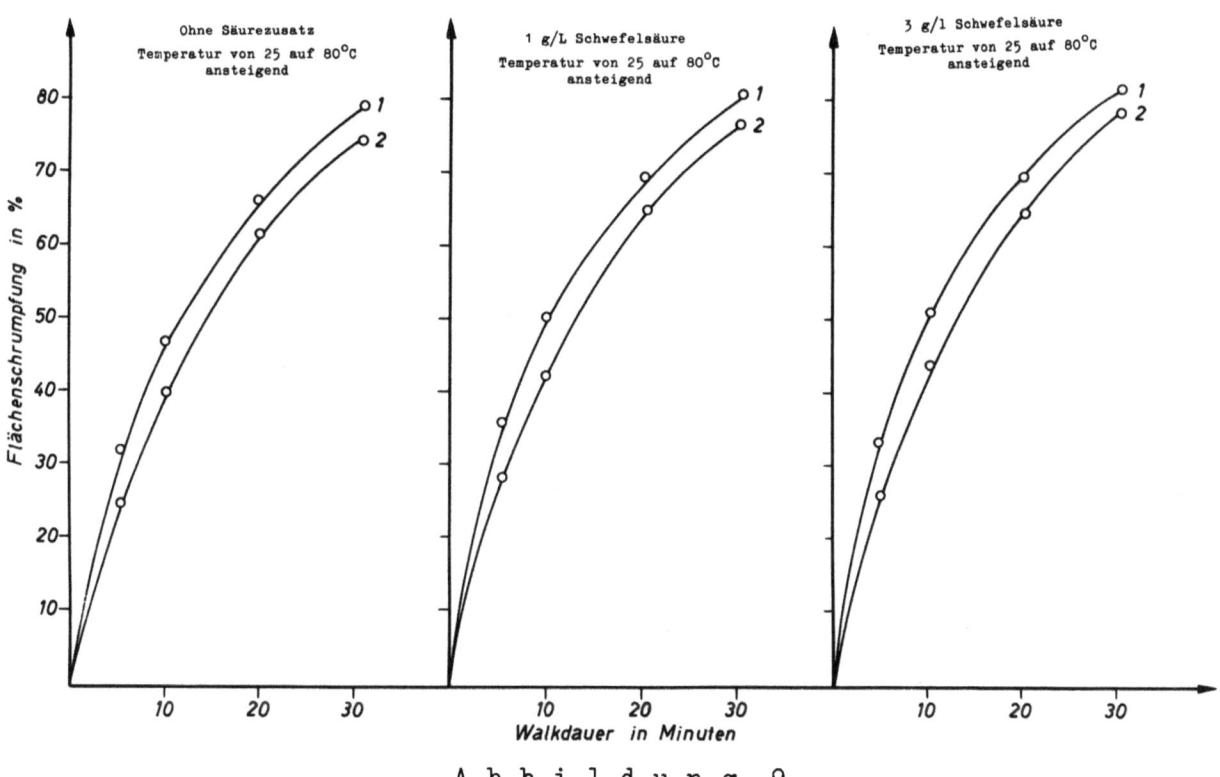

Abbildung 9

Das Walkvermögen von Mischungen aus Kaninhaar (Bariolé clair) mit Ardil B

1 = Kaninhaar/Ardil B 70:30; 2 = Kaninhaar/Ardil B 85:15;
3 = 100 % Kaninhaar

In der Abbildung 10 haben wir die Ergebnisse unserer vergleichenden Untersuchungen unter Verwendung von Ardil B, Fibrolan BX, Zykon und Merinova zusammengestellt. Das verwendete Kaninhaar entsprach der Qualität Bariolé clair. Wie wir aus der Abbildung 10 entnehmen können, steigen Walkvermögen und Walkgeschwindigkeit des Kaninhaares mit zunehmender

Menge an künstlichen Eiweißfasern an. Hierbei erhöht die Merinova-Faser das Walkvermögen und die Walkgeschwindigkeit des Kaninhaares am stärksten. Dann folgen Zykon, Ardil B und Fibrolan BX. Auch hier beobachteten wir den großen Unterschied der beiden Kaseinfasern Fibrolan BX und Merinova. Die erhaltenen Mischfilze konnten infolge zu großer Unterschiede für technologische Prüfungen (Dicke, Dichte) nicht verwendet werden.

Zusammenfassend haben die soeben beschriebenen Laborwalkversuche ergeben, daß sich Mischungen aus Wolle oder Kaninhaar mit künstlichen Eiweißfasern ohne Schwierigkeiten verarbeiten lassen. Weiterhin wurde gefunden, daß ein Zusatz an künstlichen Eiweißfasern zu Wolle oder Kaninhaar deren Walkvermögen sowie Walkgeschwindigkeit günstig beeinflussen, wobei Merinova den besten Effekt ergibt. Dann folgen Zykon, Ardil B und schließlich Fibrolan BX.

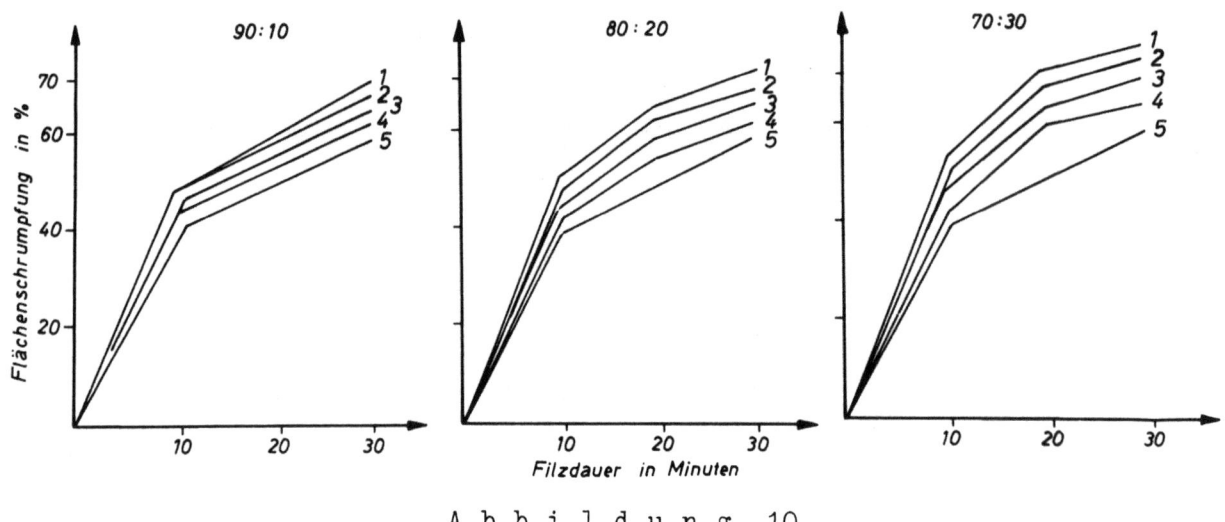

A b b i l d u n g 10

Der Einfluß der künstlichen Eiweißfasern auf das Walkvermögen von Kaninhaar in Abhängigkeit von der Höhe der Beimischung

1 = Merinova; 2 = Zykon; 3 = Ardil B; 4 = Fibrolan BX; 5 = Kaninhaar

3. Die Überprüfung des Walkvermögens von üblichen Woll-Kämmlingsmischungen durch Zusatz an künstlichen Eiweißfasern in der Hutindustrie

Das Rohmaterial (Wolle, Kämmlinge sowie künstliche Eiweißfasern) wurden getrennt zunächst im Wolf geöffnet und in den vorgesehenen Verhältnissen (vgl. Tab. 4) wiederum im Wolf gemischt. Danach gelangt diese Vormischung auf die Krempel und von dort auf die Konuskrempel, wo die

Fache hergestellt werden. Tabelle 4 gibt Auskunft über die Zusammensetzung der Gemische und das Gewicht der Fache.

<u>T a b e l l e   4</u>

Zusammenstellung der für die Walkversuche vorbereiteten Fasermischungen

Lfd.	Woll-Kämmlingsgemisch in %	Ardil B, 3,5 den 75 mm, in %	Fibrolan BX, 3,5 den. 75 mm, in %	Merinova 3 den. 62 mm, in %
0	100	-	-	-
1	90	10	-	-
2	80	20	-	-
3	70	30	-	-
4	90	-	10	-
5	80	-	20	-
6	70	-	30	-
7	90	-	-	10
8	80	-	-	20
9	70	-	-	30
Das Fachgewicht lag in allen Fällen bei 110 g				

Das Filzen und Walken wurde in der für die Herstellung von Wollhüten üblichen Weise vorgenommen. Die Temperatur beim Walken lag zwischen 40 bis 50°C und der pH-Wert der Walkflotten lag zwischen 2 bis 3. Während des Walkens haben wir nach bestimmten Zeitabschnitten die Flächenschrumpfung bestimmt, um auf diese Weise die Beeinflussung des Walkvermögens einerseits und der Walkgeschwindigkeit andererseits der Woll-Kämmlingsmischung durch den jeweiligen Zusatz an künstlicher Eiweißfaser zu studieren. In diesem Zusammenhang sei noch darauf hingewiesen, daß es ratsam ist, immer einen prozentualen Teil der Woll-Kämmlingsmischung und nicht etwa nur die Wolle durch die künstlichen Eiweißfasern zu ersetzen.

Die in der Tabelle 5 wiedergegebenen Versuchsergebnisse bestätigen die Laborergebnisse und zeigen, daß das Walkvermögen von Woll-Kämmlingsmischungen durch Zusätze an künstlichen Eiweißfasern auch unter den technischen Arbeitsbedingungen verbessert wird. Auch hier werden mit Merinova-Faser die besten und mit Fibrolan BX die geringsten Ergebnisse erhalten. Ardil Faser befindet sich etwa in der Mitte.

Tabelle 5

Beeinflussung der Walkgeschwindigkeit und des Walkvermögens einer Woll-Kämmlingsmischung durch künstliche Eiweißfasern

Lfd. Nr.	Flächenschrumpfung in %			
	nach dem Multiroller	im Hammer nach 30 min	60 min	90 min
0	15,6	34,4	45,0	52,3
1	17,5	38,2	47,6	54,2
2	30,0	40,5	49,2	55,6
3	22,8	43,0	50,4	56,2
4	16,5	37,4	46,4	53,1
5	18,2	38,9	47,2	53,8
6	19,8	40,2	48,5	54,2
7	19,0	40,7	49,6	55,1
8	21,3	42,0	51,0	56,7
9	24,6	45,4	52,5	57,8

Nach der Hammerwalke wurde gefärbt und dann wie üblich auf das Endmaß gebracht. Reißfestigkeit und Dehnung der auf Maß gebrachten Hutstumpen haben wir in der Tabelle 6 zusammengestellt.

Tabelle 6

Reißfestigkeit und Dehnung der fertig gewalkten Mischhutstumpen

Lfd. Nr.	% Beimischung			Reißfestigkeit [kg/cm^2]	Dehnung in %
	Ardil B	Fibrolan BX	Merinova		
0	-	-	-	42,5	70,4
1	10	-	-	43,1	74,2
2	20	-	-	40,8	76,0
3	30	-	-	38,7	75,4
4	-	10	-	41,4	68,9
5	-	20	-	38,5	70,2
6	-	30	-	36,8	72,5
7	-	-	10	41,2	70,6
8	-	-	20	38,9	71,7
9	-	-	30	36,2	68,9

Tabelle 7

Flächenschrumpfung, Reißlänge und Berstdruck von technischen Filzen aus Mischungen von Wolle mit Fibrolan BX sowie Zellwolle

Mischung in %	Flächen-schrumpfung in %	Reißlänge in m längs	quer	Berstdruck in kg
100 % Wolle	35	2000	1700	7,2
90/10 W/Fibrolan	36	2000	1700	7,0
80/20 W/Fibrolan	33	1900	1400	5,6
70/30 W/Fibrolan	38	1800	1400	5,9
60/40 W/Fibrolan	33	1500	1100	5,3
50/50 W/Fibrolan	35	1700	1000	5,7
40/60 W/Fibrolan	38	1600	900	5,3
30/70 W/Fibrolan	40	1200	800	4,9
20/80 W/Fibrolan	42	1100	600	3,9
100 % Wolle	38	2000	1700	7,2
90/10 W/Zellwolle	36	2100	1300	6,8
80/70 W/Zellwolle	30	2100	1200	6,5
70/30 W/Zellwolle	30	2300	1000	6,4
60/40 W/Zellwolle	28	2200	1000	6,0
50/50 W/Zellwolle	28	2100	900	6,0
40/60 W/Zellwolle	27	2200	800	5,6
30/70 W/Zellwolle	23	2000	600	5,4
20/80 W/Zellwolle	19	1800	300	4,1

Um Aussagen über die Qualitätsbeeinflussung durch Zusätze an künstlichen Eiweißfasern zu Woll-Kämmlingsgemischen machen zu können, haben wir die Dehnung sowie die Reißfestigkeit der fertig gewalkten Filze bestimmt. Die in Tabelle 6 enthaltenen Werte stellen jweils Mittelwerte aus 10 Einzelmessungen dar. Aus diesen Untersuchungsergebnissen können wir entnehmen, daß der Abfall in der Reißfestigkeit selbst bei Beimischungen bis zu 20 % an künstlichen Eiweißfasern nicht über 10 % liegt. Bei Ardilfaser Typ B liegt der Festigkeitsabfall bei 30 % Beimischung erst bei 10 %, während er bei den Kaseinfasern Fibrolan BX und Merinova ca. 15 % beträgt. Die Versuche zeigen demnach, daß bei Beimischungen bis zu 20 % an künstlichen Eiweißfasern von einer Qualitätsverschlechterung im eigentlichen Sinne nicht gesprochen werden kann. Diese Ergebnisse bestätigen die Untersuchungen von BARR und HAIGH [18], die in früheren Untersuchungen zu ähnlichen Ergebnissen gelangt sind. Weiterhin sei darauf hingewiesen, daß der Griff der Wollstumpen durch Zusätze an künstlichen Eiweißfasern besser wird.

In Ergänzung der soeben beschriebenen Versuche seien einige Ergebnisse an Flachfilzen aus Wolle/Fibrolan BX und Wolle/Zellwolle-Gemischen mitgeteilt. Aus den in der Tabelle 7 aufgezeigten Daten können wir entnehmen, daß Beimischungen bis zu 20 bis 30 % an Fibrolan BX die technologischen Daten nur unbedeutend verschlechtern und somit die an Hutfilzen erhaltenen Ergebnisse bestätigen.

4. Die Überprüfung des Walkvermögens von Mischungen aus gebeiztem Kaninhaar mit künstlichen Eiweißfasern in der Hutindustrie

Zur Überprüfung der Eignung künstlicher Eiweißfasern haben wir zunächst einmal Versuche unter Verwendung von Ardilfasern Typ B und F ausgeführt [19]. Hierbei wurden in allen Versuchen 50 % an Ardilfasern verwendet, um möglichst deutliche Unterschiede zu erhalten.

Die Vorversuche wurden mit den folgenden Mischungs-Zusammensetzungen durchgeführt:

Versuch 1:   50 % australisches Wildkanin (gestutzt, ungerupft)
             50 % Ardilfaser Typ B geöffnet, 3,5den, 19 mm

Versuch 2:   50 % australisches Wildkanin (gestutzt, ungerupft)
             50 % Ardilfaser Typ F geöffnet, 3,5den, 19 mm

Versuch 3:   50 % australisches Wildkanin (gestutzt, ungerupft)
             50 % Ardilfaser Typ F nicht geöffnet, 3,5den, 19 mm

Versuch 4:   50 % australisches Wildkanin (gestutzt, ungerupft)
              50 % Ardilfaser Typ B nicht geöffnet, 3,5 den, 19 mm
Versuch 5:   50 % australisches Wildkanin (gestutzt, ungerupft)
              50 % geblasenes Nebenhaar

Von allen Mischungen wurden ca. 5 kg hergestellt. Gefacht wurde auf einer Fachglocke von 70 auf 76 cm.

Verhalten der Mischungen im Fabrikationsprozeß

Beim Blas-Prozeß auf einer Heintze-Blasmaschine wurde beobachtet, daß bei Verwendung von nicht geöffneten Ardilfasern (Versuche 3 und 4) der Blasverlust deutlich erhöht wird (ca. 15 %), während er bei den Versuchen 1, 2 und 5 praktisch gleich bleibt und ca. 11 % beträgt. Der preisliche Vorteil der nicht geöffneten Faser wird dadurch zunichte gemacht. Beim anschließenden Fachen und Anfilzen zeigten sich zwischen den einzelnen Versuchen (1 bis 5) praktisch keine Unterschiede. Das gleiche gilt auch für das Naßfilzen. Nach einer Laufzeit von 8 Minuten auf der Genest-A-Walke gelangten alle Filze zum Färben, das auf einer Trommelfärbemaschine vorgenommen wurde. Deutliche Unterschiede im Walkvermögen der einzelnen Mischungen traten erst während der Walke auf der Genest-B-Maschine auf. Die in der Abbildung 11 zusammengestellten Daten veranschaulichen das unterschiedliche Walkvermögen, d.h. die Zeit, die erforderlich ist, um das Fertigmaß des Stumpens zu erreichen. Wie wir sehen, wird das Walkvermögen nur durch den Ardil Typ B verbessert (gebleichte Ardilfaser), während der Typ F (rohe nicht geblechte Type) wenig geeignet erscheint. Weiterhin zeigen die Versuche, daß die Verwendung der geöffneten Faser auf jeden Fall von Vorteil ist. Ein Vergleich der noch naß auf Maß gewalkten Filze untereinander zeigt, daß die Versuche 2 und 3 in Griff und Filzstärke den übrigen Versuchen deutlich unterlegen sind. Die Versuche 1 und 4 sind etwas schwächer als 5. Die Beurteilung der Stumpen nach dem Trocknen in bezug auf Filzqualität lautet:

    Versuch 1:   gut
    Versuch 2:   loser und leichter im Gewicht
    Versuch 3:   zu offen und leicht im Gewicht, unzureichend
    Versuch 4:   etwas zu leicht, sonst gut
    Versuch 5:   gut

Mit Bezug auf den Farbausfall war der Versuch 5 allen anderen überlegen. Während die Versuche 1 und 4 noch als brauchbar angesehen werden konnten, war dies bei 2 und 3 nicht mehr der Fall. Nach dem Zurichten der fertigen Filze ergab der Versuch 5 den besten Filz. Versuch 1 ergab einen qualitativ etwas geringeren Filz mit einem schönen, weichen Griff. Die Filze der Versuche 2, 3 und 4 genügten den Anforderungen nicht mehr.

Die Vorversuche haben somit gezeigt, daß die Verwendung der Ardilfaser Type B geöffnet als Beimischung zu Kaninhaar geeignet ist.

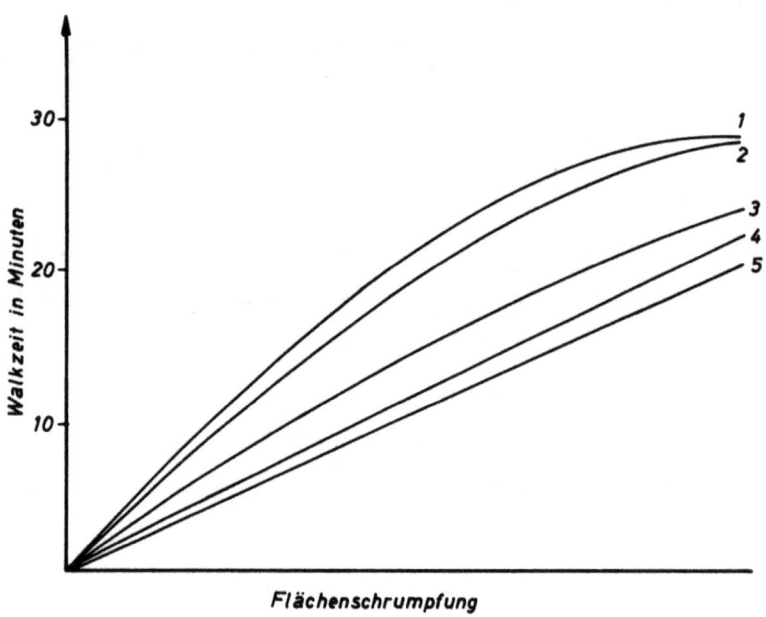

A b b i l d u n g 11
Die Walkzeit auf der Genest-B-Maschine zur
Erreichung des Endmaßes

1 = Kaninhaar/Ardil F nicht geöffnet
2 = Kaninhaar/Ardil F geöffnet
3 = 100 % Kaninhaar
4 = Kaninhaar/Ardil B nicht geöffnet
5 = Kaninhaar/Ardil B geöffnet

In weiteren Praxisversuchen wurde nun die Eignung von Ardilfaser Typ B geöffnet überprüft. Parallel hierzu wurden auch Versuche unter Verwendung von Zykonfaser (Maiseiweiß) ausgeführt. Das Gewicht der einzelnen Versuchspartien lag bei 90 kg; die Auswage bei 110 g/Fach. Die Zusammensetzung der Versuchspartie ist aus der Tabelle 8 zu entnehmen:

<u>T a b e l l e   8</u>

Zusammensetzung der Versuchspartien

Faserart	Partie 1	Partie 2	Partie 3
Petit Bon	60 %	50 %	50 %
Nebenhaar (geblasen)	25 %	23 %	23 %
Roundings	15 %	15 %	15 %
Ardil B	-	12 %	-
Zykon	-	-	12 %

5. Verhalten im Fabrikationsprozeß

Die verschiedenen Versuchspartien wurden in der üblichen Weise gemischt und auf einer Heintze-Blasmaschine geblasen. Der Blasverlust lag bei allen drei Partien bei 12 % und kann als völlig normal bezeichnet werden. Auch beim Fachen zeigten sich keine bemerkenswerten Unterschiede. Zum Fachen selbst wurde eine Glocke von 65 auf 70 cm verwendet. Beim nachfolgenden Anfilzen (feucht) wurden zwischen den drei Versuchspartien noch keine Unterschiede beobachtet. Solche traten erst beim Naßfilzen ein, wobei die Walkgeschwindigkeit von 1 über 2 nach 3 zunahm. Nach einer Arbeitszeit von 8 Minuten auf der Genest-A-Walkmaschine war die Partie 3 deutlich kleiner (ca. 2,5 cm) als die beiden anderen. Anschließend wurden die drei Partien in einem Trommelfärbeapparat gefärbt und auf einer Genest-B-Walkmaschine fertiggestellt. Hierbei benötigte die Partie 1 24 Minuten, Partie 2 (mit Ardil B) 21 Minuten und Partie 3 (mit Zykon) nur 17 Minuten um das Endmaß von 33 auf 39 cm zu erreichen. Nach dem Trocknen wurden die drei Partien sorgfältig miteinander verglichen. Hierbei wurden wesentliche Gewichtsunterschiede nicht gefunden, obgleich die Partie 3 den Eindruck machte, als sei sie etwas schwerer ausgefallen. Der Gewichtsverlust während des Filzens und Walkens lag bei ca. 18 g und kann bei einem Fachgewicht von 110 g als völlig normal angesehen werden. Auffallende Qualitätsunterschiede konnten ebenfalls nicht ermittelt werden.

Nach dem Steifen, Anformen, Bimsen usw. wurden die drei Partien erneut miteinander verglichen, wobei in bezug auf Farbe, Gewicht und Griff wiederum keine wesentlichen Unterschiede gefunden wurden. Man hatte lediglich den Eindruck, daß die Filze der Partie 2 (mit Ardil B) etwas dünner als Partie 1 und 3 ausgefallen sind. Die Festigkeit der Filze ist dagegen bei allen drei Partien praktisch gleich. Hervorzuheben ist lediglich noch der sehr schöne und zarte Griff der Ardilfaser enthaltenden Filze.

Zur weiteren Überprüfung wurden noch Vergleichsversuche mit Pastelmischungen und teueren Haarmischungen ausgeführt. Das Gewicht der einzelnen Partien lag bei 50 kg, die Auswage zwischen 100 bis 125 g/Fach. Die Zusammensetzung der Mischungen zeigt die Tabelle 9.

Tabelle 9

Zusammensetzung der weiteren Versuchspartien 4 bis 9

Faserart	Versuchspartien					
	4	5	6	7	8	9
Weiß ungerupft	20 %	20 %	20 %			
Nankin	50 %	50 %	50 &			
Helles Nebenhaar gebl.	10 %	-	-	7,5 %		
Ardil B geöffnet	-	10 %	-	-	7,5 %	
Zykon	-	-	10 %	-	-	7,5 %
White Kettle	20 %	20 %	20 %	-	-	-
Wildkanin BCB tlp.	-	-	-	20 %	20 %	20 %
Wilkanin austr., gerupft, gestutzt	-	-	-	25 %	25 %	25 %
Graukaninrück	-	-	-	20 %	20 %	20 %
Petit Bon	-	-	-	15 %	15 %	15 %
Roundings	-	-	-	12,5 %	12,5 %	12,5 %

Die Herstellung der Hutfilze war analog, wie soeben beschrieben. Die hierbei erhaltenen Ergebnisse haben die vorangegangenen Versuchsergebnisse erneut bestätigt und somit gezeigt, daß der Einsatz künstlicher Eiweißfasern in der Hutindustrie ohne Qualitätsverminderung möglich ist.

Weitere Praxisversuche wurden an Mischungen aus Kaninhaar (verschiedene Zahmkaninqualitäten) mit Ardil B geöffnet, Fibrolan BX geöffnet, Merinova und Zykon durchgeführt. Die Arbeitsweise war bei allen Mischungen gleich, ebenso das Fachgewicht. In Übereinstimmung mit unseren Laborwalkversuchen (vgl. die Abb. 8, 9, 10) erhöhen Zusätze an Merinova die Walkgeschwindigkeit am stärksten und Fibrolan BX am geringsten vgl. Abb. 12). Die bei diesen Versuchen erhaltenen Hutfilze (je 12 Stück) wurden vor dem Färben geteilt und die eine Hälfte in der üblichen Weise

Tabelle 10

Technologische Daten von Hutfilzen unter Zusatz von künstlichen Eiweißfasern vor und nach dem Färben auf einem Obermayer-Apparat

Bezeichnung	ungefärbter Filz			gefärbter Filz			Abnahme an Festigkeit durch das Färben in kg	Dichte [g/cm³]
	Festigkeit in kg	Dehnung in %	Dichte [g/cm³]	Festigkeit in kg	Dehnung in %	Dichte [g/cm³]		
100 % Kaninhaar	53,3	87,3	0,361	37,5	70,0	0,340	29,6	0,021
Haar/Zykon 85/15	46,3	97,3	0,367	33,0	67,3	0,355	28,7	0,012
Haar/Ardil B 85/15	39,8	82,7	0,365	32,2	58,3	0,354	18,3	0,011
Haar/Fibrolan BX 85/15	45,10	77,3	0,365	35,3	70,0	0,341	21,5	0,024
Haar/Merinova 85/15	45,3	80,0	0,361	32,8	62,7	0,343	27,6	0,018
Haar/Zykon 70/30	38,8	86,4	0,392	31,3	67,3	0,373	19,3	0,019
Haar/Ardil B 70/30	37,3	84,6	0,392	32,1	79,1	0,377	14,2	0,015
Haar/Fibrolan BX 70/30	35,5	82,7	0,366	32,0	75,5	0,348	10,5	0,018
Haar/Merinova 70/30	41,2	89,1	0,379	34,0	70,9	0,359	18,0	0,020

auf einem Obermayer-Apparat gefärbt. Danach wurden Festigkeit, Dehnung und Dichte sowohl an den ungefärbten als auch an den gefärbten Filzhälften ermittelt, um zu prüfen

1. inwieweit die Festigkeit des Hutfilzes durch die Beimischung an künstlicher Eiweißfaser abfällt und

2. ob sich dieser Festigkeitsabfall im Färbeprozeß besonders nachteilig auswirkt.

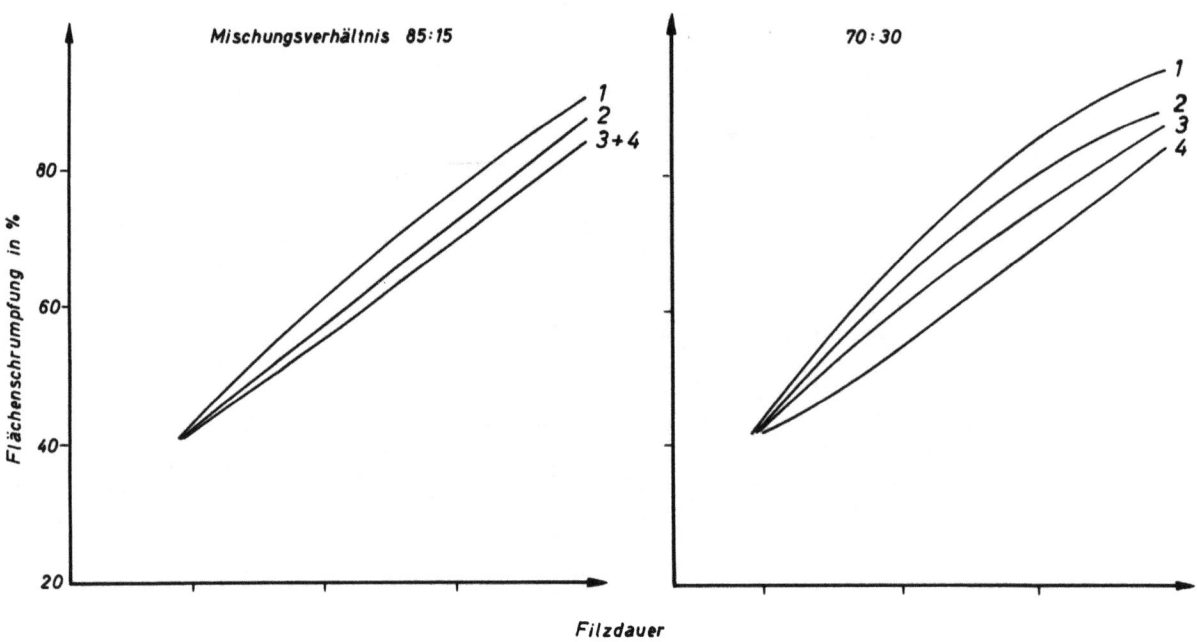

Abbildung 12

Der Einfluß künstlicher Eiweißfasern auf die Walkgeschwindigkeit von Kaninhaar

1 = Merinova; 2 = Ardil; 3 = Fibrolan BX; 4 = Kaninhaar (Zykon)

Die hierbei erhaltenen Ergebnisse haben wir in der Tabelle 10 zusammengestellt. Wie wir dieser Tabelle 10 entnehmen können, wird die Festigkeit des reinen Haarfilzes mit steigendem Zusatz an künstlichen Eiweißfasern herabgesetzt, wobei wir zwischen den verwendeten künstlichen Eiweißfasern nur geringe Unterschiede finden. Parallel mit der Abnahme der Festigkeit des Filzes nimmt die Dichte desselben, verglichen mit der des reinen Haarfilzes, zu. Die Zunahme der Dichte wird vor allem bei einer Beimischung von 30 % an künstlicher Eiweißfaser zur Haarmischung deutlich. Hierbei ist auffallend, daß die beiden Kaseinfasern

Fibrolan BX und Merinova die Dichte in geringerem Maße erhöhen als dies bei Ardil und Zykon der Fall ist. Daher bleibt die Dehnung der Haar/Ardil- und Haar/Zykon-Filze auch nach Erhöhung der Beimischung von 15 auf 30 % praktisch gleich, während bei den Haar-Kaseinfilzen die Dehnung um ca. 10 % erhöht wird. Interessant ist nun ein entsprechender Vergleich zwischen den Werten vor und nach dem Färben. Hier finden wir zunächst einmal, daß sich die Festigkeit in allen Fällen einem bestimmten Endwert nähert, so daß sich die vor dem Färben vorhandenen Unterschiede weitgehend ausgeglichen haben. Hinsichtlich der Dehnung und Dichte finden wir eine Abnahme, wie zu erwarten, die einer Auflockerung des Filzes während des Färbens entspricht. Überraschend ist, daß diese Auflockerung beim reinen Haarfilz deutlich stärker ist als bei den Mischfilzen. Wir führen diesen Befund u.a. auf die Erhöhung der Filzdichte als Folge der Beimischung an künstlicher Eiweißfaser zurück.

Nachdem wir zunächst einmal den Einfluß der künstlichen Eiweißfasern auf die Walkgeschwindigkeit, Festigkeit, Dehnung und Dichte näher betrachtet haben, seien einige Hinweise über die Verteilung derselben im Filzverband mit Kaninhaar (Wolle) mitgeteilt. Walkt man z.B. Tuche oder Garne aus reiner Wolle, so beobachtet man, daß die einzelnen Wollfasern ihre Lage zueinander nur wenig ändern [21]. Der Walkeffekt wird hierbei bevorzugt durch ein gegenseitiges Umschlingen unter gleichzeitiger Verkürzung der Faserlänge erzielt. Ein ausgesprochenes Wandern der Wollfasern findet dagegen nicht statt. Walkt man nun aber ein Gemisch aus Kaninhaar (Wolle) mit künstlichen Eiweißfasern unter den in der Praxis üblichen Bedingungen, so beobachten wir nach kurzer Zeit, daß sich die künstlichen Eiweißfasern vom Kaninhaar (Wolle) abtrennen, in die Mitte des Filzes wandern und sich dort konzentrieren. Nach Beendigung des Walkvorganges befindet sich die künstliche Eiweißfaser praktisch in der Mitte des Filzes, umgeben vom Haar oder der Wolle (Sandwich-Effekt). Ganz analog verhalten sich auch Zellulosefasern oder synthetische Fasern, wenn sie mit einer walkfähigen Faser zusammen gewalkt werden.

Die soeben beschriebene Trennung der Faserkomponenten während des Walkvorganges - eine Verhinderung dieser Trennung ist bisher noch nicht möglich - ist die Ursache zahlreicher Fehlermöglichkeiten, die sich vor allem beim Färben bemerkbar machen. Diese Ursache liegt einmal im völlig anderen Farbton des Kaninhaares und den künstlichen Eiweißfasern und zum anderen in dem unterschiedlichen färberischen Verhalten.

Gelangt man bei der Zurichte der Hutfilze, die auf einer speziellen Oberflächenbehandlung (aufrauhen, abschleifen usw.) beruht, zu tief in den Filzkern, so besteht die Gefahr, daß die anders gefärbte Mittelschicht (künstliche Eiweißfasern) sichtbar wird und so zu einer schipprigen Filzoberfläche führt.

Ausführliche Untersuchungen im Labor wie auch in der Praxis haben gezeigt, daß sich die soeben aufgezeigten Fehler weitgehend vermeiden lassen, wenn man bei der Verarbeitung der künstlichen Eiweißfasern die nachfolgenden Faktoren berücksichtigt:

1. Die künstliche Eiweißfaser muß einwandfrei geöffnet sein. Verklebte Faserbündel erhöhen nicht nur den Blasverlust und führen zu ungleichmäßiger Filzbildung, sondern ergeben unweigerlich Farbfehler,

2. der Fasertiter soll nicht über 3 bis 3,5 Denier liegen und die Stapellänge wenn möglich 20 mm nicht überschreiten,

3. die künstliche Eiweißfaser soll nicht mattiert sein, da die Pigmente den schon vorhandenen Farbtonunterschied noch betonen.

Bei Beachtung dieser Faktoren ist es möglich, eine einwandfreie Mischung zwischen dem Kaninhaar und den künstlichen Eiweißfasern herzustellen, die eine Voraussetzung für eine zufriedenstellende Verarbeitung (Filzen, Walken, Färben und Zurichten) darstellt. Die günstigsten Zusätze an künstlichen Eiweißfasern zu Kaninhaar liegen bei Herrenhüten zwischen 10 bis 15 % und bei Damenhüten bis zu 25 %. Nachdem die Mischung ordnungsgemäß bereitet und geblasen ist, gelangt dieselbe zum Fachen. Hierbei ist besonders darauf zu achten, daß die Mischung vor dem Fachen nicht zu viel Feuchtigkeit aufnehmen kann, da sonst ein einwandfreies Fachen nicht möglich ist. Zu feuchte Mischungen fliegen flockig auf den Konus und bewirken im Fach eine starke Nesterbildung. Diese Nesterbildung muß unbedingt verhindert werden, da unter diesen Bedingungen bei Mischung mit künstlichen Eiweißfasern der Walkvorgang nicht gleichmäßig vor sich geht. Dies würde bedeuten, daß das Wandern der künstlichen Eiweißfaser in die Mitte des Filzes nicht gleichmäßig erfolgt, sondern zu zahlreichen lokalen Anhäufungen führt. Auf diese Weise werden nicht nur die Qualität des Filzes, sondern auch der spätere Farbausfall ungünstig beeinflußt. Nach der Zurichte eines solchen Filzes zeigt die Oberfläche zahlreiche fleckige Stellen, die sich als Anhäufungen von künstlichen Eiweißfasern herausstellen. Beim Walken selbst ist sorgfältig darauf zu achten, daß Druck und Temperatur nur langsam erhöht werden, so daß eine gleichmäßige Verfilzung erfolgen kann. Temperaturen von 70 bis 80°C sollten jedoch nicht überschritten werden, während der pH-Wert der Walkbäder zwischen 2 bis 4 liegen kann. pH-Werte oberhalb 4 sollen infolge der höheren Quellung der künstlichen Eiweißfasern (vgl. Abb. 5) nicht angewandt werden.

Die Gleichmäßigkeit des Walkvorganges ist überhaupt von großer Bedeutung, damit ein gleichmäßiges Wandern der künstlichen Eiweißfasern in die Mitte des Filzes gewährleistet ist. Je gleichmäßiger und je dichter die künstliche Eiweißfaser im Filzkern sitzt, um so weniger Schwierigkeiten treten in der Zurichte der gefärbten Hutfilze auf.

IV. Das Färben von Hutfilzen aus Mischungen zwischen Kaninhaar und Wolle einerseits und künstlichen Eiweißfasern andererseits [22]

Zum Schluß unserer Ausführung über den Einsatz von künstlichen Eiweißfasern zur Herstellung von Hutfilzen ist es erforderlich, auch das färberische Verhalten der künstlichen Eiweißfasern alleine und in Mischung mit Wolle und Kaninhaar ausführlich zu diskutieren, da das Färben der Hutfilze von ausschlaggebender Bedeutung ist. Filze, die sich nicht einwandfrei, d.h. fehlerfrei färben lassen, sind unbrauchbar, auch wenn die Qualität noch so gut wäre.

1. Die Ausführung der Laborversuche

Die für die Färbeversuche verwendeten Wollen, Kaninhaare und künstlichen Eiweißfasern wurden bewußt keiner Vorbehandlung unterworfen, sondern in dem Zustand verwendet, in welchem sie in der Hutindustrie verwendet werden. Bevor wir die erhaltenen Ergebnisse an Hand von Aufziehkurven beschreiben, soll zunächst die Methodik der Färbeversuche kurz beschrieben werden.

Je 2 g Kaninhaar (gebeizt), Wolle oder künstliche Eiweißfaser werden mit 90 ml dest. Wasser, das 1, 2 oder 4 % Schwefelsäure und 5 % Glaubersalz auf Fasergewicht berechnet enthält, versetzt und über Nacht in dieser Flotte belassen (bei den künstlichen Eiweißfasern wurden je nach dem Säurebindevermögen derselben verschiedene Mengen an Schwefelsäure benötigt, um die End-pH-Werte von 3,1; 4,2 und 5 zu erhalten). Kurz vor Beginn der eigentlichen Färbung werden 10 ml Farbstofflösung (10 g/l Farbstoff) zugegeben, gut umgerührt, in einem warmen Wasserbad innerhalb

5 Minuten auf 40°C gebracht und unter mehrmaligem Umrühren 15 Minuten bei dieser Temperatur belassen. Danach wird je 1 ml der Farbflotte für die kolorimetrische Messung entnommen, innerhalb 5 Minuten auf 65°C gebracht und unter mehrmaligem Umrühren wiederum 15 Minuten bei dieser Temperatur belassen. Nun entnimmt man der Farbflotte wieder 1 ml für die kolorimetrische Messung. Danch bringt man auf 80°C und dann auf 98°C, indem man wie soeben beschrieben verfährt. Die unter diesen Bedingungen erhaltenen Ergebnisse sind in der Abbildung 13 zusammengefaßt. Hieraus können wir die typische Eigenschaft der künstlichen Eiweißfasern schon bei niedriger Temperatur hohe Mengen an Farbstoff aufzunehmen, deutlich ablesen. Lediglich die Zykonfaser zeigt ein der Wolle und dem Kaninhaar vergleichbares Aufziehvermögen (dieser Befund dürfte mit der Aminosäurezusammensetzung der Zykonfaser zusammenhängen vgl. Tab. 2), während die anderen Eiweißfasern wesentlich höhere Farbstoffmengen binden. Am günstigsten verhält sich noch die Fibrolan BX, am ungünstigsten Merinova. Die Ardilfaser Typ B liegt etwa zwischen den beiden Kaseinfasern.

Nachdem wir nun das färberische Verhalten der Einzelkomponenten aufgezeigt haben, sei im folgenden das Verhalten von Mischungen aus Kaninhaar (Wolle) mit künstlichen Eiweißfasern dargestellt. Um deutliche Unterschiede zu erhalten, haben wir ein Verhältnis von 70:30 (Haar/künstliche Eiweißfaser und Wolle/künstliche Eiweißfaser) gewählt. Für die Färbeversuche selbst wurden gefilzte Fasermischungen verwendet; die Ausführung der Färbungen wie zu Beginn beschrieben. Wie die Abbildung 14 (Kaninhaarmischungen) zeigt, wird das Aufziehvermögen saurer Egalisierungsfarbstoffe, wie sie zum Färben von Hutfilzen üblich sind, durch Zusätze an künstlichen Eiweißfasern deutlich erhöht. Wie zu erwarten war, ist das Ziehvermögen bei der Mischung Haar/Merinova am stärksten und bei der Mischung Haar/Fibrolan BX am wenigsten erhöht. Die Mischung Haar/Ardil B liegt dazwischen. Ein völlig analoges Verhalten wurde bei den entsprechenden Wollmischungen (Abb. 14) gefunden. Allerdings sind die Unterschiede nicht ganz so stark ausgeprägt, da die Wolle gegenüber dem Kaninhaar schon ein besseres Ziehvermögen aufweist. In der Abbildung 15 haben wir Einfluß von Glaubersalz im Färbebad aufgezeigt. Wie wir sehen, trägt ein Zusatz von 10 % Glaubersalz kalz. zum Färbebad wesentlich zum Farbtonausgleich bei. Aus diesen Gründen ist ein entsprechender Zusatz an Glaubersalz in jedem Falle empfehlenswert.

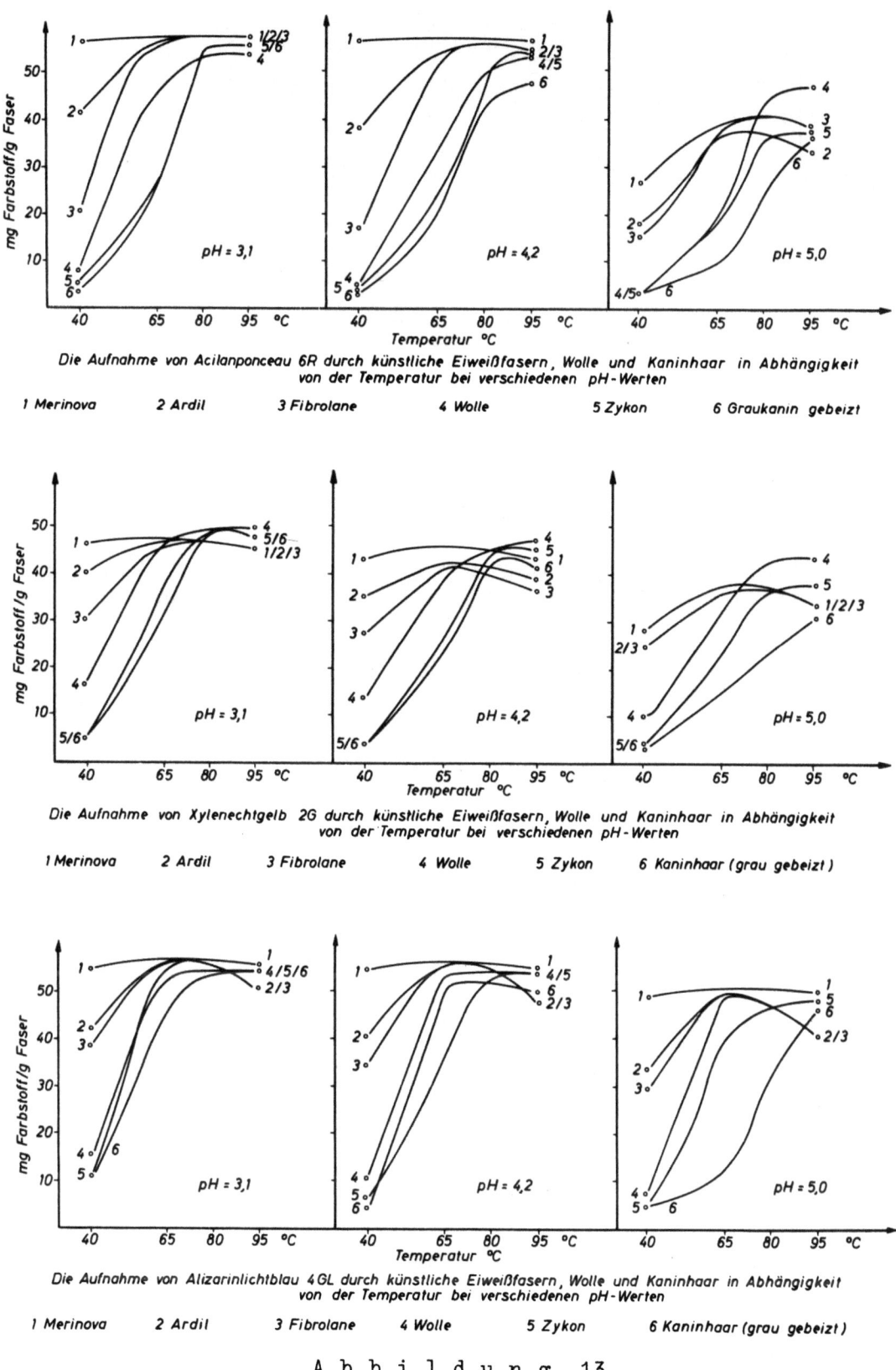

Die Aufnahme von Acilanponceau 6R durch künstliche Eiweißfasern, Wolle und Kaninhaar in Abhängigkeit von der Temperatur bei verschiedenen pH-Werten

1 Merinova   2 Ardil   3 Fibrolane   4 Wolle   5 Zykon   6 Graukanin gebeizt

Die Aufnahme von Xylenechtgelb 2G durch künstliche Eiweißfasern, Wolle und Kaninhaar in Abhängigkeit von der Temperatur bei verschiedenen pH-Werten

1 Merinova   2 Ardil   3 Fibrolane   4 Wolle   5 Zykon   6 Kaninhaar (grau gebeizt)

Die Aufnahme von Alizarinlichtblau 4GL durch künstliche Eiweißfasern, Wolle und Kaninhaar in Abhängigkeit von der Temperatur bei verschiedenen pH-Werten

1 Merinova   2 Ardil   3 Fibrolane   4 Wolle   5 Zykon   6 Kaninhaar (grau gebeizt)

A b b i l d u n g   13

Das färberische Verhalten der künstlichen Eiweißfasern im Vergleich zu Wolle und Kaninhaar

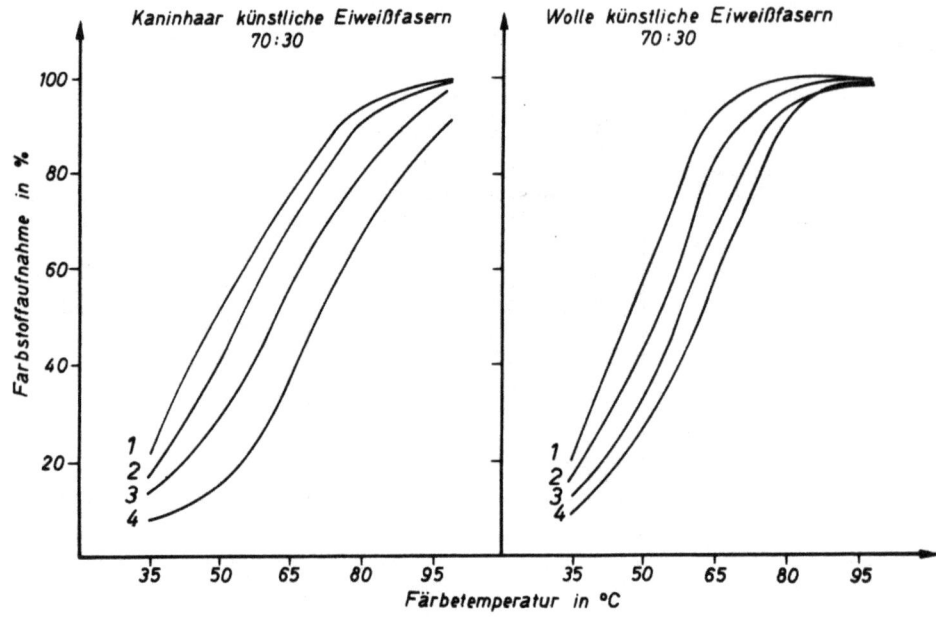

Abbildung 14

Die Aufnahme von Kristallponceau 6 R durch angefilzte Mischungen aus Kaninhaar (Wolle) mit künstlichen Eiweißfasern in Abhängigkeit von der Färbetemperatur (pH = 4, Flotte 1:50, 10 % Farbstoff)

1 = Kaninhaar (Wolle)/Merinova; 2 = Kaninhaar (Wolle)/Ardil B;
3 = Kaninhaar (Wolle)/Fibrolan BX; 4 = 100 % Kaninhaar (Wolle)

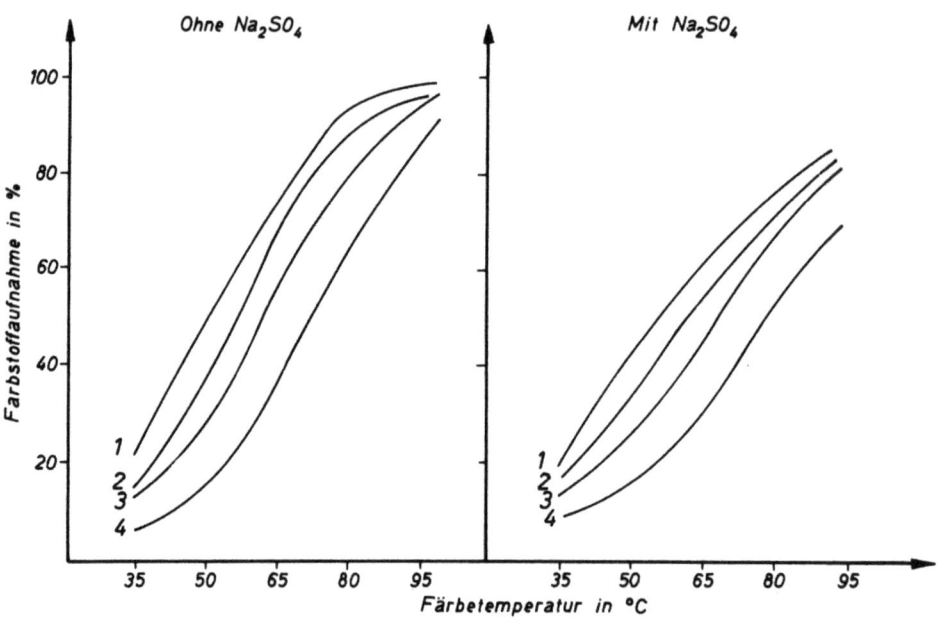

Abbildung 15

Die Aufnahme von Kristallponceau 6 R durch angefilzte Mischungen aus Kaninhaar und künstlichen Eiweißfasern (70:30) in Abhängigkeit von der Färbetemperatur und dem Gehalt an Glaubersalz
(Flotte 1:50, pH = 4·1, 10 % Farbstoff)

1 = Kaninhaar (Wolle)/Merinova; 2 = Kaninhaar (Wolle)/Ardil B;
3 = Kaninhaar (Wolle)/Fibrolan BX; 4 = Kaninhaar (Wolle) 100 %

2. Ausführung von Praxisversuchen

Auf Grund der vorliegenden Erfahrungen aus den zahlreichen Laborfärbeversuchen haben wir ausführliche Versuche an Hutstumpen vorgenommen. Zu diesem Zweck wurden unter Verwendung von 15 und 25 % an Merinova, Fibrolan BX und Ardil B Haarhutstumpen hergestellt, wobei die Herstellung unter Beachtung der zu Beginn aufgezeigten Faktoren erfolgte. Das Färben selbst wurde auf Cassé-, Obermayer- und Konusapparaten vorgenommen, wobei die in der Hutfärberei üblichen Farbstoffe zur Anwendung gelangten. Das Färbebad wurde mittels Ammoniak und Ameisensäure auf pH 5 bis 5,5 eingestellt und mit 10 % Glaubersalz kalz. versetzt. Besondere Hilfsmittel wurden nicht verwendet, da die Stumpen gut vorgenetzt waren. In das so zubereitete Färbebad werden die gut genetzten und weitgehend neutralisierten Hutstumpen bei 35 bis 40°C eingelegt und 10 bis 15 Minuten ohne Temperaturerhöhung behandelt. Dann erst erhöht man die Temperatur langsam auf 65°C, macht wiederum eine Pause von 10 bis 15 Minuten und bringt dann auf 92 bis 95°C. Bei dieser Temperatur färbt man dann zu Ende. Bei besonders dichten und festen Stumpen ist eine kurze (5 bis 10 Minuten dauernde) Temperaturerhöhung auf 96 bis 98°C angebracht. Ein weiterer Säurezusatz (Ameisensäure) erfolgt nur bei Bedarf. Nach Beendigung der Färbungen wurde zunächst warm und dann kalt gespült, geschleudert und in der üblichen Weise fertig gestellt. Die hierbei erhaltenen Ergebnisse haben die Laborversuche in jeder Weise bestätigt, und somit bewiesen, wie wichtig und aufschlußreich Laborversuche sind, sofern sie der Praxis angepaßt werden. So konnten wir in allen Fällen selbst bei Zusätzen bis zu 20 bis 25 % bei Fibrolan BX als auch Ardil B brauchbare Färbungen erhalten, während dies bei Merinova Zusätzen nur bis maximal 12 bis 15 % der Fall war. Zum Färben selbst sind vor allem die Cassé- und Konusapparate geeignet, während die Obermayerapparate bei höheren Zusätzen an künstlicher Eiweißfaser weniger gut geeignet sind. Wir führen diesen Befund darauf zurück, daß die Flottenzirkulation bei den Obermayerapparaten nicht ausreichend ist. Bei Verwendung von sauren Egalisierungsfarbstoffen haben wir die besten Ton-in-Tonfärbungen beim Färben unter Zusatz von 10 % Glaubersalz im pH-Bereich von 4 erhalten. Analoge Versuche mit den Metallkomplexfarbstoffen haben ergeben, daß hierfür die neutralen 1:2 Metallkomplexfarbstoffe allen anderen überlegen sind. Man färbt am besten bei pH-Werten um 6; pH-Werte unterhalb 5,5 ergeben bereits schon Färbungen, bei denen der Farbtonausgleich den Ansprüchen nicht mehr genügt.

Zusammenfassung

Die vorliegenden Untersuchungen über den Einsatz von künstlichen Eiweißfasern bei der Herstellung von Filzen aus Wolle und Kaninhaar sind geeignet, unsere bisherigen Kenntnisse auf diesem Gebiet zu erweitern und zu vertiefen. Nach einem Überblick über die Herstellung der künstlichen Eiweißfasern und einem Vergleich der chemischen und physikalischen Eigenschaften mit denen von Wolle und Kaninhaar, wird das Walkvermögen und das färberische Verhalten von Merinova, Fibrolan BX, Ardil B und Zykon in Mischung mit Wolle und Kaninhaar ausführlich untersucht. Hierbei wurde gefunden:

1. Mit steigenden Zusätzen an künstlichen Eiweißfasern zu den üblichen Woll-Kämmlingsmischungen oder zu Kaninhaaren werden die Walkgeschwindigkeit und das Walkvermögen grundsätzlich erhöht. Die Verbesserung nimmt in der Reihenfolge Fibrolan BX, Ardil B, Zykon und Merinova zu.

2. Die günstigsten Ergebnisse hinsichtlich der erhaltenen Filzqualität werden bei Zusätzen von 10 bis 20 % an künstlichen Eiweißfasern erhalten. Höhere Zusätze bewirken einen merklichen Abfall der erreichbaren Filzqualität trotz erhöhter Walkgeschwindigkeit.

3. Beim Walken ist zu berücksichtigen, daß hierbei die künstliche Eiweißfaser bevorzugt in den Kern des Filzes wandert und sich dort konzentriert. Je gleichmäßiger dieser Vorgang abläuft, desto besser ist die Qualität des Filzes. Bei der Herstellung von Kaninhaarfilzen verwendet man vorteilhaft nur künstliche Eiweißfasern, deren Fasertiter 3.5 den. und deren Stapellänge 20 mm nicht überschreiten. Außerdem muß die Faser in einwandfrei geöffneter Form vorliegen.

4. Die Bedingungen beim Filzen und Walken von Mischungen aus künstlichen Eiweißfasern mit Wolle oder Kaninhaar sind ähnlich wie beim Filzen und Walken von Wolle oder Kaninhaar allein. Wichtig ist, daß der Walzendruck beim Walken nicht zu schnell erhöht und im ganzen etwas niedriger gehalten wird.

5. Zum Färben der Hutfilze sind die üblichen in der Hutindustrie verwendeten sauren Egalisierungsfarbstoffe geeignet. Vorteilhaft färbt man in Gegenwart von 10 % Glaubersalz kalz. bei pH-Werten um 4 nahe Kochtemperatur. Beim Färben unterhalb von pH-Werten 3.8 färbt sich die künstliche Eiweißfaser bereits wesentlich dunkler als Wolle und Kaninhaar an, so daß ein ausreichender Farbton Ausgleich auch bei

Kochtemperatur nicht mehr gewährleistet ist. Färbt man mit den modernen 1:2 Metallkomplexfarbstoffen, so erzielt man die besten Ergebnisse im pH-Bereich von 5.5 bis 6.0.

6. Die vorliegenden Untersuchungen haben somit gezeigt, daß die Verwendung von künstlichen Eiweißfasern in Mischung mit Wolle und Kaninhaar möglich ist, ohne die Qualität der Woll- und Haarfilze zu verschlechtern.

Dr. Hans Günther Fröhlich

Literaturverzeichnis

[1] FRÖHLICH, H.G.   M   Melliand Textilb. 31 (1950), 663 und in Chemische Textilfasern, Filme und Folien, Ferdinand Enke Verlag, Stuttgart 1952, 557 ff.

[2] FRÖHLICH, H.G.   unveröffentlichte Versuche

[3] CORFIELD, M.C. und A. ROBSON   Biochem. J. 59 (1955), 62

[4] de VREKER, R.A.   Dissertation 1956, Katholische Universität Louvain, Belgien

[5] CAMPBELL, R.   ICI, Congress International, Brüssel vom 27. - 29. Juni 1955

[6] TRAILL, D.   Chem. & Ind. 1950, 23-30

[7] DERMINOT, J.   Bull.Text.Inst.France 1957, Heft 65, 7-14

[8] FRÖHLICH, H.G.   Melliand Textilb. 32 (1951), 136 u. D. TRAILL, Chem. & Ind.

[9]   vgl. auch M.V. GLYNN, J.Text.Inst. 46 (1955), T228

[10] HARRIES, M. und A.E. BROWN   Text.Res.J. 17 (1947), 323 u. R. CAMPBELL l.c. 5

[11]   gemeinsame Untersuchungen mit der ICI, Nobel Division Dumfries/Scotland

[12] FRÖHLICH, H.G.   Zeitschr.f.d.ges.Textilind. 56 (1954),

[13] MONCRIEFF, R.W.   Wool Shrinkage and its Prevention, The National Trade Press Ltd. London 1953

[14] MONCRIEFF, R., P. ALEXANDER und R. HUDSON   Wool Shrinkage, National Trade Press Ltd. London 1953
Wool its Chemistry and Physics, Chapman & Hall Ltd. London 1954

[15]   gemeinsam mit Herrn Dr. FRÖB, Hut-
       fabrik Mayser

[16] FRÖB, G.   unveröffentlichte Versuche

[17] LEVEAU, M.,   Proceedings of the international Wool
     N. VARNEY-CEBE und   Textile Res.Conf., Australien 1955,
     A. PARISOT   Vol.D, D-221

[18] BARR, T. und   J.Text.Inst. 1952, P593
     D. HAIGH

[19]   gemeinsame Untersuchungen mit
       W. GIBELIUS/USA

[20]   vgl. hierzu H.G. FRÖHLICH, SVF 13
       (1958), 526 ff.

[21] VEGT, A.K. van der und   Text.Res.J., 22 (1956), 9 ff
     G.J. SCHURINGA

[22] FRÖHLICH, H.G.   SVF 12 (1957), 80 ff und in Deutscher
                     Färbekalender 1957 und 1958

FORSCHUNGSBERICHTE
DES LANDES NORDRHEIN-WESTFALEN

Herausgegeben durch das Kultusministerium

TEXTILFASERFORSCHUNG · TEXTILCHEMIE · TEXTILPHYSIK
TEXTILTECHNIK · WÄSCHEREIFORSCHUNG

HEFT 3
Techn.-Wissenschaftl. Büro für die Bastfaserindustrie, Bielefeld
Untersuchungsarbeiten zur Verbesserung des Leinenwebstuhls
1952, 44 Seiten, 7 Abb., 3 Tabellen, DM 12,50

HEFT 9
Techn.-Wissenschaftl. Büro für die Bastfaserindustrie, Bielefeld
Untersuchungen über die zweckmäßige Wicklungsart von Leinengarnkreuzspulen unter Berücksichtigung der Anwendung hoher Geschwindigkeiten des Garnes
Vorversuche für Zetteln und Schären von Leinengarnen auf Hochleistungsmaschinen
1952, 48 Seiten, 7 Abb., 7 Tabellen, DM 9,25

HEFT 13
Techn.-Wissenschaftl. Büro für die Bastfaserindustrie, Bielefeld
Das Naßspinnen von Bastfasergarnen mit chemischen Zusätzen zum Spinnbad
1953, 52 Seiten, 4 Abb., 19 Tabellen, DM 10,—

HEFT 15
Wäschereiforschung Krefeld
Trocknen von Wäschestoffen. I. Lufttrocknung: Untersuchungen an Tumblern
1953, 40 Seiten, 14 Abb., 2 Tabellen, DM 9,—

HEFT 17
Ingenieurbüro Herbert Stein, M.-Gladbach
Untersuchung der Verzugsvorgänge in den Streckwerken verschiedener Spinnereimaschinen. 1. Bericht: Vergleichende Prüfung mit verschiedenen Dickenmeßgeräten
1952, 36 Seiten, 15 Abb., DM 8,—

HEFT 18
Wäschereiforschung Krefeld
Grundlagen zur Erfassung der chemischen Schädigung beim Waschen
1953, 68 Seiten, 15 Abb., 15 Tabellen, DM 12,75

HEFT 19
Techn.-Wissenschaftl. Büro für die Bastfaserindustrie, Bielefeld
Die Auswirkung des Schlichtens von Leinengarnketten auf den Verarbeitungswirkungsgrad sowie die Festigkeit und Dehnungsverhältnisse der Garne und Gewebe
1953, 48 Seiten, 1 Abb., 9 Tabellen, DM 9,—

HEFT 20
Techn.-Wissenschaftl. Büro für die Bastfaserindustrie, Bielefeld
Trocknung von Leinengarnen I
Vorgang und Einwirkung auf die Garnqualität
1953, 62 Seiten, 18 Abb., 5 Tabellen, DM 12,—

HEFT 21
Techn.-Wissenschaftl. Büro für die Bastfaserindustrie, Bielefeld
Trocknung von Leinengarnen II
Spulenanordnung und Luftführung beim Trocknen von Kreuzspulen
1953, 66 Seiten, 22 Abb., 9 Tabellen, DM 13,—

HEFT 22
Techn.-Wissenschaftl. Büro für die Bastfaserindustrie, Bielefeld
Die Reparaturanfälligkeit von Webstühlen
1953, 28 Seiten, 7 Abb., 5 Tabellen, DM 5,80

HEFT 26
Techn.-Wissenschaftl. Büro für die Bastfaserindustrie, Bielefeld
Vergleichende Untersuchungen zweier neuzeitlicher Ungleichmäßigkeitsprüfer für Bänder und Garne hinsichtlich ihrer Eignung für die Bastfaserspinnerei
1953, 64 Seiten, 30 Abb., DM 12,50

HEFT 29
Techn.-Wissenschaftl. Büro für die Bastfaserindustrie, Bielefeld
Die Ausnützung der Leinengarne in Geweben
1953, 100 Seiten, 14 Abb., 10 Tabellen, DM 17,80

HEFT 32
Techn.-Wissenschaftl. Büro für die Bastfaserindustrie, Bielefeld
Der Einfluß der Natriumchloridbleiche auf Qualität und Verwebbarkeit von Leinengarnen und die Eigenschaften der Leinengewebe unter besonderer Berücksichtigung des Einsatzes von Schützen- und Spulenwechselautomaten in der Leinenweberei
1953, 64 Seiten, 2 Abb., 12 Tabellen, DM 11,50

HEFT 34
Textilforschungsanstalt Krefeld
Quellungs- und Entquellungsvorgänge bei Faserstoffen
1953, 52 Seiten, 13 Abb., 13 Tabellen, DM 9,80

HEFT 35
Prof. Dr. W. Kast, Krefeld
Feinstrukturuntersuchungen an künstlichen Zellulosefasern verschiedener Herstellungsverfahren. Teil I: Der Orientierungszustand
1953, 74 Seiten, 30 Abb., 7 Tabellen, DM 13,80

HEFT 41
Techn.-Wissenschaftl. Büro für die Bastfaserindustrie, Bielefeld
Untersuchungsarbeiten zur Verbesserung des Leinenwebstuhles II
1953, 40 Seiten, 4 Abb., 5 Tabellen, DM 7,80

HEFT 63
Textilforschungsanstalt Krefeld
Neue Methoden zur Untersuchung der Wirkungsweise von Textilhilfsmitteln
Untersuchungen über Schlichtungs- und Entschlichtungsvorgänge
1954, 34 Seiten, 1 Abb., 5 Tabellen, DM 6,80

HEFT 64
Textilforschungsanstalt Krefeld
Die Kettenlängenverteilung von hochpolymeren Faserstoffen
Über die fraktionierte Fällung von Polyamiden
1954, 44 Seiten, 13 Abb., DM 8,60

HEFT 69
Wäschereiforschung Krefeld
Bestimmung des Faserabbaues bei Leinen unter besonderer Berücksichtigung der Leinengarnbleiche
1954, 48 Seiten, 15 Abb., 3 Tabellen, DM 9,60

HEFT 70
Wäschereiforschung Krefeld
Trocknen von Wäschestoffen. II. Kontakttrocknung: Untersuchungen über den Trocknenvorgang und die Wäschebeanspruchung bei der Kontakttrocknung
1954, 42 Seiten, 18 Abb., 3 Tabellen, DM 10,—

HEFT 79
Techn.-Wissenschaftl. Büro für die Bastfaserindustrie, Bielefeld
Trocknung von Leinengarnen III
Spinnspulen- und Spinnkopftrocknung
Vorgang und Einwirkung auf die Garnqualität
1954, 74 Seiten, 18 Abb., 10 Tabellen, DM 14,—

HEFT 80
Techn.-Wissenschaftl. Büro für die Bastfaserindustrie, Bielefeld
Die Verarbeitung von Leinengarn auf Webstühlen mit und ohne Oberbau
1954, 30 Seiten, 2 Abb., 2 Tabellen, DM 6,—

HEFT 84
Dr. H. Baron, Düsseldorf
Über Standardisierung von Wundtextilien
1954, 32 Seiten, DM 6,40

HEFT 85
Textilforschungsanstalt Krefeld
Physikalische Untersuchungen an Fasern, Fäden, Garnen und Geweben:
Untersuchungen am Knickscheuergerät nach Weltzien
1954, 40 Seiten, 11 Abb., 8 Tabellen, DM 10,—

HEFT 92
Techn.-Wissenschaftl. Büro für die Bastfaserindustrie, Bielefeld und Institut für textile Meßtechnik, M.-Gladbach
Messungen von Vorgängen am Webstuhl
1954, 76 Seiten, 45 Abb., DM 15,50

HEFT 93
Prof. Dr. W. Kast, Krefeld
Spinnversuche zur Strukturerfassung künstlicher Zellulosefasern
1954, 82 Seiten, 39 Abb., 6 Tabellen, DM 16,—

HEFT 97
Ing. H. Stein, M.-Gladbach
Untersuchung der Verzugsvorgänge an den Streckwerken verschiedener Spinnereimaschinen
2. Bericht: Ermittlung der Haft-Gleiteigenschaften von Faserbändern und Vorgarnen
1955, 98 Seiten, 54 Abb., DM 21,—

HEFT 119
Dr.-Ing. O. Viertel, Krefeld
Wäscherei- und energietechnische Untersuchung einer Gemeinschafts-Waschanlage
1955, 50 Seiten, 18 Abb., DM 10,20

HEFT 159
Dr.-Ing. O. Viertel und O. Oldenroth, Krefeld
Das Bleichen von Weißwäsche mit Wasserstoffsuperoxyd bzw. Natriumhypochlorit beim maschinellen Waschen
1955, 54 Seiten, 23 Abb., 2 Tabellen, DM 11,45

HEFT 161
Prof. Dr. W. Weltzien und Dr. G. Hauschild, Krefeld
Über Silikone und ihre Anwendung in der Textilveredlung
1955, 162 Seiten, 22 Abb., 10 Tabellen, DM 27,—

HEFT 163
Dipl.-Ing. W. Rohs und Text.-Ing. H. Griese, Bielefeld
Untersuchungsarbeiten zur Verbesserung des Leinenwebstuhls III
1955, 80 Seiten, 15 Abb., 18 Tabellen, DM 15,80

HEFT 171
Wäschereiforschung Krefeld
Untersuchung der Wäscheentwässerung mit Hilfe von Zentrifugen und Pressen
1955, 42 Seiten, 16 Abb., 4 Tabellen, DM 9,70

HEFT 172
Dipl.-Ing. W. Rohs, Dr.-Ing. G. Satlow und Text.-Ing. G. Heller, Bielefeld
Trocknung von Hanfgarnen. Kreuzspultrocknung
1955, 60 Seiten, 7 Abb., 4 Tabellen, DM 10,30

HEFT 173
Prof. Dr. R. Hosemann und Dipl.-Phys. G. Schoknecht, Berlin, vorgelegt von Prof. Dr. W. Kast, Krefeld
Lichtoptische Herstellung und Diskussion der Faltungsquadrate parakristalliner Gitter
1956, 108 Seiten, 63 Abb., 6 Tabellen, DM 24,70

HEFT 185
Dipl.-Ing. W. Rohs und Text.-Ing. G. Heller, Bielefeld
Studien an einem neuzeitlichen Kreuzspultrockner für Bastfasergarne mit Wiederbefeuchtungszone
1955, 52 Seiten, 9 Abb., 3 Tabellen, DM 10,70

HEFT 196
Dipl.-Ing. W. Rohs und Text.-Ing. H. Griese, Bielefeld
Auswirkungen von Garnfehlern bei der Verarbeitung von Leinengarnen
1955, 24 Seiten, 3 Abb., 6 Tabellen, DM 7,80

HEFT 199
Textilforschungsanstalt Krefeld
Die Messung von Gewebetemperaturen mittels Temperaturstrahlung
1955, 50 Seiten, 12 Abb., DM 10,90

HEFT 226
Technisch-wissenschaftliches Büro für die Bastfaserindustrie, Bielefeld
Untersuchungen zur Verbesserung des Leinenwebstuhles IV
Die Wirkung verschiedener Kettbaumbremsen auf die Verwebung von Leinengarnen
1956, 64 Seiten, 9 Abb., 4 Tabellen, DM 13,50

HEFT 236
Dr.-Ing. O. Viertel und S. Lucas, Krefeld
Ergebnisse einer Hausfrauenbefragung über Wascheinrichtungen und Waschmethoden in städtischen Haushaltungen
1956, 34 Seiten, 4 Abb., DM 7,60

HEFT 238
Institut für textile Meßtechnik e. V., M.-Gladbach
Untersuchungen der Verzugsvorgänge an den Streckwerken verschiedener Spinnereimaschinen. 3. Bericht: Theoretische Betrachtungen über den Einfluß schlagender Zylinder und Druckrollen
1956, 66 Seiten, 21 Abb., DM 14,10

HEFT 260
Prof. Dr. W. Kast, Freiburg (Br.), Prof. Dr. A. H. Stuart und Dipl.-Phys. H. G. Fendler, Hannover
Lichtzerstreuungsmessungen an Lösungen hochpolymerer Stoffe
1956, 70 Seiten, 25 Abb., 5 Tabellen, DM 15,60

HEFT 261
Prof. Dr. W. Kast, Freiburg (Br.)
Feinstruktur-Untersuchungen an künstlichen Zellulosefasern verschiedener Herstellungsverfahren.
Teil II: Der Kristallisationszustand
1956, 80 Seiten, 27 Abb., 11 Tabellen, DM 17,20

HEFT 273
Fa. K. H. W. Tacke G.m.b.H., Wuppertal-Barmen
Erfahrungen beim Verspinnen von Perlonfasern und bei der Herstellung von Trikotagen aus gesponnenem Perlon
1956, 36 Seiten, DM 7,90

HEFT 292
Dipl.-Ing. W. Rohs und Text.-Ing. H. Griese, Bielefeld
Webversuche an Leinenwebstühlen mit verbesserter Schaftbewegung
1956, 34 Seiten, 3 Abb., 2 Tabellen, DM 7,60

HEFT 301
Prof. Dr. W. Weltzien, Dr. G. Cossmann und P. Diehl, Krefeld
Über die fraktionierte Füllung von Polyamiden (II)
1956, 54 Seiten, 1 Abb., 16 Tabellen, DM 11,30

HEFT 302
Prof. Dr.-Ing. W. Wegener und Dipl.-Ing. W. Zahn, Aachen
Untersuchungen von gesponnenen Garnen auf ihre Gleichmäßigkeit nach verschiedenen Meßmethoden
1957, 58 Seiten, 34 Abb., DM 15,20

HEFT 307
Privat-Doz. Dr. J. Juilfs, Krefeld
Vergleichende Untersuchungen zur elastischen und bleibenden Dehnung von Fasern
1956, 36 Seiten, 11 Abb., DM 8,30

HEFT 308
Privat.-Doz. Dr. J. Juilfs, Krefeld
Zur Messung der Fadenglätte
1956, 22 Seiten, 10 Abb., 2 Tabellen, DM 8,—

HEFT 338
Prof. Dr.-Ing. W. Wegener Aachen, und Dipl.-Ing. J. Schneider, M.-Gladbach
Die Bedeutung der Knotenart für die Herabminderung der Fadenbrüche
1957, 40 Seiten, 6 Abb., 17 Tabellen, DM 9,80

HEFT 339
Prof. Dr.-Ing. W. Wegener und Dipl.-Ing. W. Zahn, Aachen
Vergleich des normalen mit verschiedenen abgekürzten Baumwollspinnverfahren in bezug auf Gleichmäßigkeit und Sortierungsstreuung der Garne
1956, 56 Seiten, 17 Abb., 17 Tabellen, DM 12,70

HEFT 340
Dipl.-Ing. W. Rohs und Dipl.-Ing. R. Otto, Bielefeld
Das Naßspinnen von Bastfasergarnen mit Spinnbadzusätzen unter Ausnutzung einer zentralen Spinnwasserversorgungsanlage
1956, 56 Seiten, 2 Abb., 6 Tabellen, DM 11,60

HEFT 358
Prof. Dr. rer. nat. W. Weltzien, Dipl.-Chem. P. Ringel und Text.-Ing. H. Kirchhoff, Krefeld
Die Waschechtheit von Färbungen. Vergleichende Untersuchungen auf dem Gebiete der Echtheitsprüfung
1958, 26 Seiten, 12 Farbtafeln, DM 58,—

HEFT 378
Oberingenieur H. Stein, M.-Gladbach
Beobachtung und maßtechnische Erfassung der Vorgänge im Spinn- und Aufwindefeld von Ringspinn- und Ringzwirnmaschinen
1957, 104 Seiten, 88 Abb., 3 Tabellen, DM 26,90

HEFT 380
Institut für textile Meßtechnik, M.-Gladbach
Schußfadenspannung beim Weben
1957, 76 Seiten, 17 Abb., 47 Diagramme, 3 Tabellen, DM 18,60

HEFT 381
Priv.-Doz. Dr. habil. J. Juilfs, Krefeld
Zur Dichtebestimmung von Fasern. Methoden und Beispiele der praktischen Anwendung
1957, 76 Seiten, 34 Abb., 18 Tabellen, DM 17,—

HEFT 393
Dr.-Ing. O. Viertel und S. Brückner-Lucas, Krefeld
Arbeitszeitstudien an Haushaltwaschmaschinen
1957, 74 Seiten, 8 Abb., 13 Tabellen, DM 17,30

HEFT 397
Dipl.-Ing. W. Rohs und Dipl.-Ing. R. Otto, Bielefeld
Ungleichmäßigkeiten in Bändern von Bastfaserkarden, ihre Ursachen und Auswirkungen
1957, 60 Seiten, 18 Abb., 42 Diagramme, DM 14,80

HEFT 433
Dr.-Ing. G. Satlow, Aachen
Über einige physikalische und chemische Eigenschaften der Wolle von der gewaschenen Wolle bis zum Kammzug
1957, 72 Seiten, 15 Abb., 19 Tabellen, DM 15,25

HEFT 434
Dipl.-Ing. W. Rohs und Dr. I. Geurten, Bielefeld
Schlichten für Baumwollgarne
1957, 96 Seiten, 3 Abb., zahlreiche Tabellen, DM 23,70

HEFT 435
Dipl.-Ing. W. Rohs und Dipl.-Ing. L. Steinmetz, Bielefeld
Die Masseungleichmäßigkeit von Flachstreckenbändern in Abhängigkeit von Verzug und Dopplung
1957, 42 Seiten, 4 Abb., 2 Tabellen, DM 9,90

HEFT 436
Priv.-Doz. Dr. habil. J. Juilfs, Krefeld
Zur Bestimmung der Reißlast (Zugfestigkeit) von Fasern, Fäden und Garnen
1959, 26 Seiten, 7 Abb., 5 Tabellen, DM 8,60

HEFT 442
Dipl.-Ing. W. Rohs, Text.-Ing. H. Griese und Text.-Ing. W. Lauer, Bielefeld
Die Auswirkungen der Trocknungsart naßgesponnener Leinengarne auf deren Verarbeitungswirkungsgrad sowie auf die Festigkeits- und Dehnungseigenschaften der Garne und Gewebe
1957, 28 Seiten, 2 Abb., 3 Tabellen, DM 6,50

HEFT 452
Prof. Dr. rer. nat. W. Weltzien und Dr. phil. K. Windeck, Krefeld
Veränderungen an Fasern bei der Bleiche mit Natriumchlorid und über einige Vergilbungserscheinungen
1957, 64 Seiten, 3 Abb., 13 Tabellen, DM 14,85

HEFT 479
Prof. Dr.-Ing. W. Wegener, Aachen und Dipl.-Ing. H. Fourné, Bochum
Ursachen des Überschreitens der Toleranzgrenze nach oben oder unten (Meter pro Gramm) an der Strecke
1958, 60 Seiten, 17 Abb., 3 Tabellen, DM 14,60

HEFT 494
Dipl.-Ing. W. Rohs und Text.-Ing. H. Griese, Bielefeld
Entwicklung und Erprobung eines verbesserten elektrischen Kettfadenwächtergeschirrs für die Leinen- und Halbleinenweberei
1957, 56 Seiten, 9 Abb., 11 Tabellen, DM 13,—

HEFT 496
Dipl.-Chem. P. Vogel, Krefeld
Färberische Eigenschaften von zur Herstellung von Verdickungen in der Stoffdruckerei bestimmten Stoffen
1957, 38 Seiten, 3 Abb., 3 Tabellen, DM 9,30

HEFT 498
Prof. Dr.-Ing. H. Zahn und Dr. rer. nat. W. Gerstner, Aachen
Herstellung säurefester technischer Gewebe
1957, 40 Seiten, 8 Tabellen, DM 9,65

HEFT 499
Priv.-Doz. Dr. J. Juilfs, Krefeld
Die Bestimmung des Wasserrückhaltevermögens (bzw. des Quellwertes) von Fasern
1958, 42 Seiten, 8 Abb., 8 Tabellen, DM 10,35

HEFT 500
Priv.-Doz. Dr. habil. J. Juilfs, Krefeld
Vergleichende Untersuchungen am Schopper-Scheuerprüfgerät
1958, 60 Seiten, 34 Abb., verschied. Tabellen, DM 18,10

HEFT 501
Dipl.-Ing. W. Rohs und Dr. I. Geurten, Bielefeld
Untersuchungen in der Leinengarnbleiche
1958, 50 Seiten, 5 Abb., 5 Tabellen, DM 11,50

HEFT 587
Dipl.-Ing. H. Schmidt, Krefeld
Auswirkung der Strömungsverhältnisse in Trommelwaschmaschinen unter besonderer Berücksichtigung des Durchlaufspülens
1958, 20 Seiten, 8 Abb., DM 8,45

HEFT 609
Dipl.-Ing. W. Rohs und Dipl.-Ing. L. Steinmetz, Technisch-Wissenschaftliches Büro für die Bastfaserindustrie, Bielefeld
Verteilung der Bastfasern im Verzugsfeld einer Nadelstabstrecke
1958, 42 Seiten, 10 Abb., 2 Tabellen, DM 13,45

HEFT 614
Prof. Dr. W. Weltzien, Priv.-Dozent Dr. rer. nat. habil. J. Juilfs und Dr. rer. nat. W. Bubser, Krefeld
Die Textilforschungsanstalt Krefeld 1920—1958
Ein Bericht zur Einweihung ihres Neubaus Frankenring 2
1958, 78 Seiten, 11 Abb., 5 Baupläne, DM 23,80

HEFT 621
Techn.-Wissensch. Büro für die Bastfaserindustrie, Bielefeld
Untersuchungen zur Verbesserung des Leinenwebstuhles V
1958, 42 Seiten, 6 Abb., 8 Tabellen, DM 11,30

HEFT 632
Prof. Dr.-Ing. W. Wegener, Aachen
Aufstellung und Vergleich von Variance-within- und Variance-between-Kurven von Garnen, die nach verschiedenen Spinnverfahren hergestellt werden
1958, 72 Seiten, 35 Abb., DM 19,10

HEFT 633
Prof. Dr.-Ing. W. Wegener und Dipl.-Ing. E. Haase-Deyerling, Aachen
Entwicklung und Bau eines vollautomatischen Faserlängenprüfgerätes (Stapelprüfgerät) mit kapazitiver Grundlage, Erprobungen dieses Gerätes und Vergleich mit den bislang üblichen Verfahren auf manueller Basis
1958, 32 Seiten, 15 Abb., 5 Tabellen, DM 10,10

HEFT 654
Obering. H. Stein und Text.-Ing. H. v. d. Weyden
Institut für Textile Meßtechnik, M.-Gladbach
Dipl.-Ing. Waldemar Rohs und Text.-Ing. H. Griese
Techn.-Wissenschaftl. Büro für die Bastfaserindustrie Bielefeld
Untersuchungen an Spulvorrichtungen in der Leinen- und Halbleinenweberei
1958, 98 Seiten, 29 Abb., 23 Tabellen, DM 23,80

HEFT 674
Dipl.-Ing. W. Rohs, Bielefeld
Die Ausnutzung der Garnfestigkeit in Halbleinengeweben
1958, 60 Seiten, 6 Abb., DM 14,30

HEFT 699
Dr.-Ing. Erich Wagner, Wuppertal
Studium der Drehungsverhältnisse an Perlon und Nylongarnen zur Herstellung von Strumpfgewirken
1959, 30 Seiten, 11 Abb., DM 9,20

HEFT 700
Oberingenieur H. Stein, M.-Gladbach
Zugprüfungen an Textilien mit einer weglosen, elektronischen Kraftmeßeinrichtung
1958, 103 Seiten, 62 Abb., 3 Tabellen, DM 32,—

HEFT 722
Dr.-Ing. O. Viertel, und Eva Malz, Krefeld
Mechanische Wäschebeanspruchung und Waschwirkung in Rührwerkmaschinen
1959, 59 Seiten, 25 Abb., 23 Tabellen, DM 16,50

HEFT 730
Obering. H. Stein und Dipl.-Phys. S. Hobe, M.-Gladbach
Gerät zum Auffinden von Fadenverdickungen bei hohen Prüfgeschwindigkeiten
1959, 56 Seiten, 28 Abb., 2 Tabellen, DM 14,80

HEFT 731
Dr.-Ing. G. Satlow, Aachen
Hautwolle und Schurwolle. Eine Gegenüberstellung ihrer wichtigsten chemischen und physikalischen Eigenschaften
1959, 96 Seiten, 4 Abb., 31 Tabellen, DM 23,60

HEFT 732
Dipl.-Ing. W. Rohs und Dipl.-Ing. R. Otto, Bielefeld
Messung von Verzugskräften in Nadelfeldern von Bastfaserstrecken
1959, 40 Seiten, 9 Abb., 4 Tabellen, DM 11,60

HEFT 749
Dipl.-Ing. W. Rohs und Text.-Ing. H. Griese, Bielefeld
Einfluß verschiedener Webfaktoren auf die Krumpfung von Halbleinen- und Baumwollgeweben
1959, 28 Seiten, 2 Abb., 10 Tabellen, DM 8,60

HEFT 761
Dr. I. Lambrinou-Geurten, Bielefeld
Untersuchungen zur rationellen Durchfärbbarkeit von Bastfasergarnen
1959, 54 Seiten, 1 Abb., 16 Tabellen, DM 14,10

HEFT 790
Prof. Dr. W. Kast, Freiburg/Br.
Fließvorgänge in der Spinndüse und dem Blaukonus des Cuoxam-Verfahrens

HEFT 816
Dr. rer. nat. H. Pfannmüller, Textilchemikerin M. Pfannmüller und Prof. Dr.-Ing. H. Zahn, Aachen
Die Bewetterung chemisch modifizierter Wollgarne

HEFT 817
Dr. rer. nat. H. Kessler, Aachen
Die Zwei- und Dreifaseranalyse auf Grund der Bestimmung von Cystin und Stickstoff

HEFT 818
Prof. Dr.-Ing. W. Wegener, Aachen
Grundlegende Untersuchungen zur Frage der Spinnavivierung von Rohbaumwolle

HEFT 826
Wäschereiforschung Krefeld e. V.
Arbeitszeitstudien an Haushaltsbottichwaschmaschinen gleicher Art und Größe mit verschiedener Ausstattung

HEFT 839
Prof. Dr. J. Juilfs, Krefeld
Zur Bestimmung der Absolutdichte von Fasern
in Vorbereitung

Volks- und betriebswirtschaftliche Untersuchungen
auf dem Textilgebiet

HEFT 186
Dr. E. Wedekind, Krefeld
Untersuchungen zur Arbeitsbestgestaltung bei der Fertigstellung von Oberhemden in gewerblichen Wäschereien
1955, 124 Seiten, 28 Abb., 6 Tabellen, 2 Falttafeln, DM 12,—

HEFT 197
Dr. E. Wedekind, Krefeld
Untersuchungen zur Bestimmung der optimalen Arbeitsplatzgröße bei Mehrstuhlarbeit in der Weberei
1955, 92 Seiten, 34 Abb., DM 18,50

HEFT 222
Dr. L. Köllner, Münster und Dipl.-Volkswirt M. Kaiser, Bochum
Die internationale Wettbewerbsfähigkeit der westdeutschen Wollindustrie
1956, 214 Seiten, 5 Abb., DM 39,50

HEFT 323
Prof. Dr. R. Seyffert, Köln
Wege und Kosten der Distribution der Textilien, Schuh- und Lederwaren
1956, 98 Seiten, 37 Tabellen, 1 Falttafel, DM 12,—

HEFT 607
Dr. H. Schlachter, Münster
Die Wettbewerbslage der westdeutschen Juteindustrie
1958, 137 Seiten, 35 Tab., DM 32,—

HEFT 631
Dr. E. Wedekind, Krefeld
Der Einfluß der Automatisierung auf die Struktur der Maschinen und Arbeiterzeiten am mehrstelligen Arbeitsplatz in der Textilindustrie
1958, 86 Seiten, 34 Abb., DM 21,10

HEFT 715
Dr. E. Wedekind, Krefeld
Die Auftragsplanung und Arbeitsorganisation in gewerblichen Wäschereien
1959, 116 Seiten, 25 Abb., DM 29,50

HEFT 819
Dipl.-Volkswirt Dr. H. H. Kaup, Münster
Einkommen und Textilverbrauch

HEFT 827
Dr.-Ing. E. Sattler, Verband Deutscher Streichgarnspinner, Düsseldorf
Disposition mit Arbeitsvorbereitung und Vertriebsvorbereitung in der einstufigen (Verkaufs-) Streichgarnspinnerei

HEFT 828
C. Brzeskiewicz, Verband der Deutschen Tuch- und Kleiderstoffindustrie e. V., Köln, im Verein mit dem Ausschuß für wirtschaftliche Fertigung e. V., Düsseldorf
Disposition mit Arbeitsvorbereitung und Vertriebsvorbereitung in der Tuch- und Kleiderstoffindustrie

---

Ein Gesamtverzeichnis der Forschungsberichte, die folgende Gebiete umfassen, kann bei Bedarf vom Verlag angefordert werden:

Acetylen / Schweißtechnik – Arbeitspsychologie und -wissenschaft – Bau / Steine / Erden – Bergbau – Biologie – Chemie – Eisenverarbeitende Industrie – Elektrotechnik / Optik – Fahrzeugbau – Gasmotoren – Farbe / Papier / Photographie – Fertigung – Gaswirtschaft – Hüttenwesen / Werkstoffkunde – Luftfahrt / Flugwissenschaften – Maschinenbau – Medizin / Pharmakologie / Physiologie – NE-Metalle – Physik – Schall / Ultraschall – Schiffahrt – Textiltechnik / Faserforschung / Wäschereiforschung – Turbinen – Verkehr – Wirtschaftswissenschaften.

If you have any concerns about our products,
you can contact us on
ProductSafety@springernature.com

In case Publisher is established outside the EU,
the EU authorized representative is:
**Springer Nature Customer Service Center GmbH
Europaplatz 3, 69115 Heidelberg, Germany**

Printed by Libri Plureos GmbH
in Hamburg, Germany